广州华商学院学术著作全额资助，本资助项目编号 2021HSZZ02

中国草原生态文明建设论

马 林 贺 慧 著

U0340065

河北科学技术出版社

·石家庄·

图书在版编目（ＣＩＰ）数据

中国草原生态文明建设论 / 马林 , 贺慧著 . –– 石家庄 : 河北科学技术出版社 , 2022.11

ISBN 978–7–5717–1387–4

Ⅰ . ①中… Ⅱ . ①马… ②贺… Ⅲ . ①草原生态系统 – 生态环境建设 – 研究 – 中国 Ⅳ . ① S812

中国国家版本馆 CIP 数据核字 (2023) 第 010097 号

书　　名：	中国草原生态文明建设论
	ZHONGGUO CAOYUAN SHENGTAI WENMING JIANSHE LUN
著　　者：	马　林　贺　慧
责任编辑：	王丽欣
责任校对：	刘建鑫
美术编辑：	张　帆
封面设计：	优盛文化
出版发行：	河北科学技术出版社
地　　址：	石家庄市友谊北大街 330 号（邮编：050061）
印　　刷：	三河市华晨印务有限公司
开　　本：	710×1000　1/16
印　　张：	14
字　　数：	250 千字
版　　次：	2022 年 11 月第 1 版　2022 年 11 月第 1 次印刷
书　　号：	978-7-5717-1387-4
定　　价：	88.00 元

序
PREFACE

不久前收到马林先生和贺慧女士发来的书稿《中国草原生态文明建设论》，嘱我作序，我欣然应允。认真地通读了书稿，感触良多，并引我深省！近年来，日趋严重的生态环境问题已深刻地影响到国人的生产和生活诸方面，社会各界开始注意到生态环境与经济建设之间的微妙关系，在遭受各种生态灾难后开始反思与警醒，可持续发展理念渐入人心，深刻地认识到一个具有十几亿人口的泱泱大国，绝不能走一些国家先污染后治理的老路。

党的十八大提出要把生态文明建设放在突出地位，生态文明建设受到前所未有的高度重视，我国的生态环境质量得到明显改善。2020年8月，中共中央政治局会议上，习近平总书记指出要贯彻新发展理念，遵循自然规律和客观规律，统筹推进山水林田湖草沙综合治理、系统治理、源头治理，吹响了追求环境优美和可持续发展行动的战斗号角。2020年第七十五届联合国大会上，中国向世界郑重承诺力争在2030年前实现"碳达峰"，2060年前实现"碳中和"，这无疑是一个具有划时代的深远意义的伟大壮举，必将引导伟大的中华民族走向复兴的光明未来。

就目前而言，关于生态环境建设的著述可谓浩如烟海，然而真正能够把这一问题从理论和实践上厘清的专门书籍却屈指可数，而关于草原生态文明建设的专著更是寥若晨星。本书是在国家面临百年未有之大变局和全面推进乡村振兴的时代背景下问世，应该说是非常必要和与时俱进的，必将对我国草原生态文明建设、草原牧区现代化建设以及草原的可持续发展发挥重要作用。

草原生态文明建设是生态文明建设的重要组成部分，我国草地资源丰富，是世界草原大国，且具有悠久的草原生态文明史。《中国草原生态文明建设论》是根据国家生态文明建设总体改革方案和草原生态文明建设相关理论写就的，从我国草原生态实际出发，阐明了草原生态文明建设的背景及意义，界定了草原生态文明的概念；在分析我国草原生态文明建设发展过程的基础上，梳理了我国草原生态文明建设取得的成效及存在的主要问题；从国家战略高度阐述了草原生态文明建设的地位，厘清了草原生态文明建设的基本思路；对构建系统完整的草原生态文明制度体系和评价指标体系进行了详尽论述；提出了国家级草原生态文明试验区的战略定位和主要任务，划分了国家级草原生态文明试验区的类型，较系统地提出了草原生态文明建设的对策及建议，并以案例的形式进行了实证分析，梳理总结了新疆、青海、内蒙古、甘肃、河北等地推动草原生态文明建设的主要做法和成功经验。全书共分九章，约 25 万字，内容翔实，这是迄今为止第一部全面系统客观分析研究我国草原生态文明建设的论著，填补了该领域的研究空白。

马林先生和贺慧女士是我国草原生态研究方面的专家，长期致力于草原生态文明建设领域的研究，著述颇丰，已有系列研究成果发表。本书的出版无疑是多年研究结出的硕果，是作者在草原可持续发展方面研究的力作。无论从全书的广博内容还是研究深度来看，该专著均堪称上乘之作，表明了作者在该领域的厚重研究功底和敏锐洞察力，推荐给草学界及相关研究领域的领导、专家学者和技术人员阅读参考，相信大家会受益匪浅的。

王　堃

2022 年 3 月于北京

　　草原是由多种物种要素构成的生态系统，是富有自然资源的宝库，维系着生态平衡与稳定。我国是一个草原大国，全国草原面积约为森林面积的 2 倍、耕地面积的 3 倍，占国土面积的 40%。草原是国家生态安全的重要屏障，是草原畜牧业产业可持续发展的基础，是牧民的基本生产资料，是草原文化传承的载体，是我国生态文明建设的重要阵地。

　　《中国草原生态文明建设论》是根据草原生态文明建设相关理论和国家生态文明建设总体改革方案，从草原实际出发，突出草原在我国生态文明建设中的战略定位，设计草原生态文明建设的总体思路和制度体系，构建草原生态文明建设的评价指标体系，研究国家级草原生态文明试验区建设的相关重要问题，提出草原生态文明建设的对策和建议，并以案例的形式对我国草原生态文明建设进行实证分析。

　　该书共九章，约 25 万字。第一章为导论，主要阐述了草原生态文明建设的背景及意义，梳理了国内外相关研究成果；界定了草原生态文明的概念和内涵以及其建设的理论基础。第二章为草原基本概况及草原生态文明建设的现状评价，主要分析了我国草原生态文明建设发展过程，梳理了我国草原生态文明建设取得的成就，并指出了我国草原生态文明建设存在的主要问题。第三章为草原生态文明建设的地位，主要从国家战略高度阐述了草原生态文明建设的地位。第四章为草原生态文明建设的基本思路，主要从八个方面论述了草原生态文明建设思路。第五章为草原生态文明建设的制度体系，主要总结了我国草原制度体系建设的现状，介绍了我国草原制度建设取得的成就，深入剖析了我国草原制度建设存在的主要问题，论述了如何建立系统完整的草原生态文明制度体系。第六章为草原生态文明建设评价指标体系构建与应用，主要阐述了构建草原生态文明建设评价指标体系的必要性，提出了构建思路并设计了草原生态文明建设评价指标体系，最后运用主成分分析法进行了实证研究。第七章为国家级草原生态文明试验区建设的基本思路，主要论述了建设国家级草原生态文明试验区的意义、指导思想和基本原则，重点提出了国家级草原生态文明试验区建设的战略定位，明确了国家级草原生态文明试验区的主要任务，划分了国家级草原生态文明试验区的类型，明确了对国家级草原生态文明试验区的管理。第八章为草原生态文明建设的对策及建议，主要从六个方面系统论述了草原生态文明建设的对策及建议。第九章为草原生态文明建设的实证分析，主要以案例的形式，梳理总结了青海、内蒙古、河北、甘肃、新疆、西藏等地推动草原生态文明建设的主要做法和成功经验。

该书是一部全面系统客观分析研究我国草原生态文明建设的专著，必将为我国草原生态文明建设研究做出重大的贡献。第一，科学界定了草原生态文明的概念与内涵。本书在生态文明概念与内涵的基础上，对草原生态文明的概念和内涵进行了科学准确的界定。丰富和完善了生态文明理论，具有重要的理论价值。第二，提出了草原生态文明建设的思路。明确了战略赋位、顶层设计、严守底线、重点突破的总体思路，并从构建草原生态空间规划体系、草原生态产业体系、草原政策支持体系、草原法律法规体系、草原监测预警体系、草原生态文化体系、生态服务功能评价体系、绿色草原金融体系八个方面论述了草原生态文明建设的基本思路，为草原生态文明建设提供了操作思路。第三，设计了草原生态文明建设的制度体系和评价指标体系，制度体系包括基本经营制度、保护制度、建设及合理利用制度、动态监测和资源调查制度及防火制度；评价指标体系包括生态空间、生态经济、生态环境、生态生活、生态制度、生态文化等，为制定和准确评价草原生态文明提供了制度规范和量化评价标准。第四，从强化草原生态文明意识、筑牢中国北方生态屏障、加强草原生态文明的政策路径建设、加强草原生态文明的法制建设、加强草原生态文明的经济路径建设、加强草原生态文明的社会路径建设六个方面系统提出了草原生态文明建设的对策及建议。对我国草原生态文明建设、草原牧区现代化建设以及草原的可持续发展具有一定的借鉴意义。

著　者

2021 年 10 月

目 录
CONTENTS

第一章 导　论

第一节　生态文明建设的背景及意义

一、生态文明建设的背景

2003 年《中共中央国务院关于加快林业发展的决定》提出："建立以森林植被为主体、林草结合的国土生态安全体系，建设山川秀美的生态文明社会。"这是生态文明第一次写入中央的文件。

2007 年，党的十七大第一次把生态文明作为中国特色社会主义建设的战略目标。党的十七大报告指出："建设生态文明，基本形成节约能源资源和保护生态环境的产业结构、增长方式、消费模式。循环经济形成较大规模，可再生能源比重显著上升。主要污染物排放得到有效控制，生态环境质量明显改善。生态文明观念在全社会牢固树立。"

2012 年党的十八大，党中央敏锐地意识到了异常严峻的生态环境问题。党中央从战略全局出发，明确了生态文明建设的重要性，提出了一系列新思想、新要求、新论断。生态文明建设与经济建设、政治建设、文化建设、社会建设并重，成为中国特色社会主义建设的重要组成部分，确立了经济建设、政治建设、文化建设、社会建设、生态文明建设"五位一体"的中国特色社会主义事业总体布局，这是在党的十七大关于经济建设、政治建设、文化建设、社会建设"四位一体"总体布局的基础上，通过总结人民群众建设生态省、生态市、生态县的做法和经验，提出的战略目标。党的十八大报告指出："建设生态文明，是关系人民福祉、关乎民族未来的长远大计。面对资源约束趋紧、环境污染严重、生态系统退化的严峻形势，必须树立尊重自然、顺应自然、保护自然的生态文明理念，把生态文明建设放在突出地位，融入经济建设、政治建设、文化建设、社会建设各方面和全过程，努力建设美丽中国，实现中华民族永续发展。"这是对生态文明建设战略的创新性表述。

2018年3月，十三届全国人大一次会议通过的《中华人民共和国宪法修正案》，将生态文明历史性地写入宪法，从国之根本大法的高度对生态文明建设提出了要求。生态文明建设已经成为一个综合的系统工程，要求进行相应机构建设，落实相关的制度、机构和职能安排。党的十九届三中全会审议通过的《中共中央关于深化党和国家机构改革的决定》指出："转变政府职能，是深化党和国家机构改革的重要任务。"完善政府在生态环境保护方面的职能，优化环保机构设置，是政府机构改革的重要任务。十三届全国人大一次会议表决通过了关于国务院机构改革方案的决定，批准成立中华人民共和国自然资源部与生态环境部。组建自然资源部，将过去分散在国家发展和改革委员会、住房和城乡建设部、水利部、农业部（今农业农村部）、国家林业局（今国家林业和草原局）等部门对自然资源的调查和确权登记等职责整合，统一行使用途管制和生态修复的职责，有利于对山水林田湖草进行整体保护、系统修复和综合治理；组建生态环境部，统一负责生态环境监测和执法工作，监督管理污染防治、核与辐射安全。这从总体上提升了政府工作的行政效率和水平，也实现了管理权和执法权的有效分离：自然资源部统一行使全民所有自然资源资产管理者的职责，而生态环境部统一行使生态环境监测和执法职能，这就明确了两者的分工，对于进一步推动生态文明建设具有重要意义。

2018年5月18日至19日，第八次全国生态环境保护大会在北京召开。习近平同志指出，生态文明建设是关系中华民族永续发展的根本大计。总体上看，我国生态环境质量持续好转，出现了稳中向好趋势，但成效并不稳固。生态文明建设正处于压力叠加、负重前行的关键期，已进入提供更多优质生态产品以满足人民日益增长的优美生态环境需要的攻坚期，也到了有条件有能力解决生态环境突出问题的窗口期。我国经济已由高速增长阶段转向高质量发展阶段，需要跨越一些常规性和非常规性关口。这表明，我国已到了解决资源环境问题的关键时期，比任何时候都呼唤生态文明。

新时代推进生态文明建设必须坚持好以下原则。一是坚持人与自然和谐共生，坚持节约优先、保护优先、自然恢复为主的方针，像保护眼睛一样保护生态环境，像对待生命一样对待生态环境，让自然生态美景永驻人间，还自然以宁静、和谐、美丽。二是绿水青山就是金山银山，贯彻创新、协调、绿色、开放、共享的新发展理念，加快形成节约资源和保护环境的空间格局、产业结构、生产方式、生活方式，给自然生态留下休养生息的时间和空间。三是良好生态环境是最普惠的民生福祉，坚持生态惠民、生态利民、生态为民，重点解决损害群众健康的突出环境问题，不断满足人民日益增长的优美生态环境需要。四是山水林田湖草是生命共同体，要统筹兼顾、整体施策、多措并举，全方位、全地域、全过程开展生态文明建设。五是用最严格制度最严密法治保护生态环境，加快制度创新，强化制度执行，让制度成为刚性的约束和不可触碰的高压线。六是共谋全球生态文明建设，深度参与全球环境治理，形成世界环境保护和可持续发展的解决方案，引导应对气候变化国际合作。

要加快构建生态文明体系，加快建立健全以生态价值观念为准则的生态文化体系，以产业生态化和生态产业化为主体的生态经济体系，以改善生态环境质量为核心的目标责任体系，以治理体系和治理能力现代化为保障的生态文明制度体系，以生态系统良性循环和环境风险有效防控为重点的生态安全体系。要通过加快构建生态文明体系，确保到 2035 年，生态环境质量实现根本好转，美丽中国目标基本实现。到 21 世纪中叶，物质文明、政治文明、精神文明、社会文明、生态文明全面提升，绿色发展方式和生活方式全面形成，人与自然和谐共生，生态环境领域国家治理体系和治理能力现代化全面实现，建成美丽中国。

这些都表明，党和国家深刻认识到了保护生态环境、加强生态文明建设的重要性和必要性，必将在实践中坚持保护生态环境，促进我国经济社会的可持续发展。

2020 年 10 月 29 日，党的十九届五中全会审议通过的《中共中央关于制定国民经济和社会发展第十四个五年规划和二〇三五年远景目标的建议》（以下简称《建议》）着眼全面建设社会主义现代化国家，强调要"坚持绿水青山就是金山银山理念""促进经济社会发展全面绿色转型，建设人与自然和谐共生的现代化"。当前处于"十四五"时期，要为全面建设社会主义现代化国家开好局、起好步，应在以下方面加快补短板，让生态环境得到根本好转，美丽中国建设目标基本实现。

第一，统筹资源、环境、生态协同发展，全面推进"十四五"时期生态文明建设。"十三五"期间，我国加大污染防治力度，在推进资源节约集约利用、环境综合治理、生态安全保障机制健全等方面取得了明显成效。以水资源利用效率提升为例，2019 年全国万元国内生产总值用水量、万元工业增加值用水量分别由 2016 年的 81 立方米、52.8 立方米降至 60.8 立方米、38.4 立方米，农田灌溉水有效利用系数由 0.542 提高到 0.559。然而，当前资源节约、环境治理和生态保护三大领域的协同作用尚未得到很好发挥。事实上，环境综合治理是生态保护修复的必然要求，只有将三大领域的战略规划结合起来，才能更好地统筹推进生态文明建设。《建议》围绕"推动绿色发展，促进人与自然和谐共生"，从加快推动绿色低碳发展、持续改善环境质量、提升生态系统质量和稳定性、全面提高资源利用效率等四个方面提出了具体要求。各地应注重提高资源节约、环境治理和生态建设在政策设计中的地位和占比，更加注重系统观念，统筹资源环境生态源头化治理，加快形成提高资源利用效率、控制环境污染、保护生态系统三者相互促进的生态文明建设格局。

第二，拓宽生态系统功能，创新生态产品形式。通过市场化运作将生态资源转化为兼具经济价值和社会效益的生态产品是实现"绿水青山"向"金山银山"转化的重要途径。面对全面建设社会主义现代化国家新征程上人民对环境的更高要求和更多期许，需进一步提升生态产品供给数量和质量。近年来，我国生态产品市场迅速扩大。一是绿色生态产品认证数量迅速增长。2005 年至2019 年，仅以绿色食品为例，其获得认证产品总数从 9728 个增长到了 36 345个，年均增长量达 1901 个。二是生态文化产品繁荣发展。以浙江安吉为例，其依托"绿水青山就是金山银山"理念发源地优势塑造的文旅一体化产业 2019年总收入达 388.24 亿元。三是生态产权市场不断扩大。2003 年起，福建不断深化林权改革，如今已确定期限长达 30 年、月息 0.6% 以下的林权抵押贷款制度。然而，我国经济产业对生态资源的利用与融合仍不完善，对生态系统的物质、文化、调节等功能均未充分利用，生态产品的创新开发潜力巨大。要挖掘生态系统的多样化功能，创新生态产品形式，就要充分依托良好环境为产品注入"绿色生态""特色""文化"等内涵，提升产品和服务附加值。要积极探索把生态资源转化为生态资本的有效途径。以森林碳汇交易为例，将森林碳排放量作为交易对象，加快设立碳资产管理部门，既拓宽了项目融资渠道，又使得生态资产得到保值增值，维护了生态系统的稳定。

第三，深化生态资源产权制度改革，强化生态产品市场化基础。尽管当前我国生态产品市场规范已初步形成，但仍存在一定约束。其一，生态产权边界不明晰：一是空气、水等自然资源的自身属性决定了其产权无法准确界定；二是国有自然资源的受益群体存在争议，导致产权边界难以界定，阻碍了生态资源转化为生态资产，进而影响了生态资源转化为经济效益。其二，缺乏成熟统一的市场体系：一是生态产品认证标准制度不完善，生态产品的供需双方信息不对称现象明显；二是由于难以统一制定生态产品价格标准，当前林权、水权、碳排放权等生态虚拟产权始终相互分离、自成体系，规范生态产品市场难度很大，市场体系化进程缓慢。因此，一方面，需完善生态资源的产权制度，对农村土地承包经营权、宅基地使用权、农房所有权、林权、水权等自然资源产权进行确权和赋权，力求"山有界、树有权、地有证"，为生态资源向生态资产转化奠定基础。另一方面，需建立完善的生态产品认证标准体系，加强生态产品标志管理，指导和监管生态产品生产过程，助推生态产品品质提升；规范生态产品市场标准，维护生态产品标准化市场秩序，引导生态产品市场消费。

第四，扩大生态补偿覆盖面，完善生态补偿标准。当前，我国生态补偿覆盖面有序增加，逐步由单一的天然林扩展到水域、山区、农田等区域。但生态补偿标准亟待统一，在补偿主体、补偿方式、补偿资金来源与数量等方面均缺乏科学界定与统一标准。因此，一要统一生态补偿受益主体标准，改变当前生态补偿受益方多停留在政府层面的现状，将居民纳入生态补偿受益群体。二要统一生态补偿方式标准，当前我国生态补偿方式以单一财政支付为主，如果生态补偿方式标准无法统一，将进一步增大社会资金进入生态补偿体系的风险，从而阻碍生态补偿方式有序创新，导致生态补偿资金来源单一的困境无法突破。三要统一生态补偿资金标准，加快构建生态系统生态价值核算体系，在全国范围内统一生态系统生态价值核算标准，减少补偿资金的随意性，增强生态补偿制度的公平性建设。通过制定统一的生态补偿受益主体标准、生态补偿方式标准、生态补偿资金核算标准，在保障生态补偿资金的补贴性质基础上，进一步增强其对生态保护与建设的激励作用。

第五，拓宽生态系统共建共享半径，激励公众绿色行为。生态系统是人类生存发展中不可替代的公共品，其建设维护及获益等各个环节都应由全社会共担共建共享。"十四五"时期应着力探索社会参与生态系统共建共享的渠道，建立健全"绿水青山"的社会共建平台和"金山银山"的社会共享平台。全面建设社会主义现代化国家，只有不断凝聚社会力量，才能将更多潜在的生态环境资源转化为更大的经济效益和社会效益，让良好的生态环境成为人民美好生活的增长点，成为经济社会持续健康发展的支撑点，成为展现我国良好形象的发力点。

二、生态文明建设的意义

草原与耕地、森林、海洋等自然资源一样，是我国重要的战略资源。我国草原面积大，分布广，生态功能不可替代。近年来，随着国家不断加大力度推进草原生态文明工程建设，集中治理生态脆弱和严重退化草原，我国草原生态发生了趋好性变化，草原生态环境加剧恶化的趋势初步得到遏制。

党的十八大以来，党中央、国务院高度重视生态文明建设，秉持"绿水青山就是金山银山""山水林田湖草是一个生命共同体"等理念，将草原生态文明建设提到了前所未有的新高度。从十八大到十九大，仅中央财政投入的草原生态保护建设资金就超过 1000 亿元，主要用于实施生态补助奖励政策、游牧民定居工程、草原病虫害治理和草原监测等。在部分草原生态环境敏感地区，我国还通过重点实施退牧还草工程、京津风沙源治理工程、西南岩溶地区草地治理试点工程等一系列保护建设工程，使草原植被得以恢复，局部地区生态环境改善明显，草原特有的涵养水源、防止水土流失、防风固沙等生态功能明显增强。

在危害草原生态严重的草原火灾、雪灾、鼠虫害等灾害方面，我国防控能力也在进一步加强。目前，我国正在不断扩大草原鼠虫灾害防治面积，开展入侵生物综合防治，完善草原雪灾、旱灾应急减灾机制，运用卫星遥感等高新技术开展草原监测工作，巩固了草原生态建设的成果。

在国家草原保护修复工程项目的带动下，草原生态修复速度明显加快，持续恶化局面得到有效遏制；2020 年全国草原综合植被盖度达到 56.1%，比 2011年提高了 5.1 个百分点；全国重点天然草原平均牲畜超载率下降到 10.1%，比2011 年下降了 17.9 个百分点；全国鲜草产量达到 11.13 亿吨，草原生态状况持续向好，生产能力稳步提升。

从目前主要草原牧区的生态治理效果来看，我国部分地区草原生态环境已得到明显改善，但与此同时，我国大部分草原还是处于超载过牧状态，容易受到人为破坏、气候变化、灾害肆虐的威胁，加上我国草原类型复杂多样，草原生态状况的好转需要一个长期过程，草原生态恢复和保护工程建设任务仍然繁重，经济社会的不断发展也对草原工作提出了许多新的要求。

（一）社会主义生态文明建设对草原工作提出了新要求

习近平总书记 2014 年考察内蒙古时对草原保护建设提出了明确要求，强调要加强生态环境保护，实施重大生态工程，建立生态文明制度，做到生态建设与牧民增收双赢。2015 年，在中央第六次西藏工作座谈会上，习近平总书记再次强调，要坚持生态保护第一，采取综合举措，加大草地、湿地、天然林保护力度。2016 年，习近平总书记到青海考察时强调，希望大家在国家政策支持下，齐心协力管护好湖泊、草原、河流、野生动物等生态资源。草原事关国家生态安全、农牧民生产生活和民族边疆稳定。我们必须按照习近平总书记的指示要求，从国家发展战略和生态安全全局的高度来认识草原、保护草原、发展草原。

我国经济社会发展已进入新常态，农业农村经济正经历深刻变革，草原作为生态、生产和社会功能兼备的生产要素，草牧业发展的物质基础，具有极其重要的地位。近年来，我国草原生态持续恶化的势头已得到初步遏制，局部地区草原生态环境明显改善。但草原生态系统功能的恢复是一个长期的过程，目前还只是处于起步阶段，草原生态环境整体仍很脆弱，草牧业转型发展任重道远，既面临着多重机遇，又面临许多挑战。

（二）生态文明体制改革对草原工作提出了新要求

中共中央、国务院在2015年印发的《中共中央 国务院关于加快推进生态文明建设的意见》和《生态文明体制改革总体方案》中，明确提出了多项需要国家政府机关牵头和参与的草原改革任务，其他的改革任务也大多与草原有关。可见必须从生态立国、生态兴邦的大局出发，进一步提高对兴草添绿重要性的认识，主动入位，积极作为，加大生态文明体制改革任务的研究和落实力度，为建设美丽中国创造更好的生态条件。

（三）农业结构调整对草原工作提出了新要求

近几十年来，我国农业加速发展，种植业资源长期透支、过度开发，养殖业不断趋于专业化、集约化，"种"和"养"之间的传统纽带逐步断裂，出现了农牧分割、种养分离的局面，带来了新的问题。一方面，从种植业看，一些地区大量使用化肥、农药使生态环境严重受损，需继续在结构上进行调整。另一方面，从养殖业看，草业发展不足，粮饲不分，苜蓿等高品质饲草料严重短缺，草食畜牧业发展也受到影响，还造成了大量畜禽粪便资源不能还田利用的情况。资源、环境已成为农牧业发展的两道"紧箍咒"，必须下大力气调结构、补短板、治污染。农业结构调整既要根据新形势新要求，又要立足各地自然条件和生产基础，构建新型种养关系，促进农牧业绿色发展。这是粮食去库存、养殖去污染的应急之策，也是实现农牧业可持续发展，实现草原生态文明建设的根本之道。

（四）现代畜牧业建设对草原工作提出了新要求

草原是草牧业发展的物质基础，草牧业是现代畜牧业建设的短板。短板既是差距，又是潜力。建设现代畜牧业，必须坚持"产出高效、产品安全、资源节约、环境友好"的发展方向，这对草原工作特别是草牧业发展提出了更高的要求。一方面，应坚持绿色发展。绿色发展是畜牧业现代化的重要标志。要实现生产过程更加绿色，使资源节约、环境友好、生态保育型草牧业基本建成。牧区特别是青藏高原水源涵养区和严重退化沙化草原区，一定要落实禁牧休牧和草畜平衡制度；农牧交错区、农区和南方草山草坡地区应充分发挥各自区域资源禀赋优势，因地制宜发展优质饲草种植，推广先进适用养殖模式，着力培育生态有机草畜产品。另一方面，应坚持适度发展。未来发展草牧业，一定要使养殖规模同草原和饲草料资源承载力相匹配，种植的饲草料有畜禽消化，产出的畜产品有市场接收，畜禽粪便经过处理有土地消纳，适度规模经营将是建设现代草牧业的必然选择。要使适度规模经营在草牧业发展中的引领作用得到充分发挥，使家庭牧场、农牧民合作社、农牧业企业等新型经营主体成为产业主力军，着力提升草牧业生产的集约化、专业化、组织化和科技化水平。

全面推进依法治草，对草原工作提出了新要求，提升草原资源管理利用水平任务艰巨，我国是草原面积大国，但不是草原资源利用强国。从人均资源量、资源分布、利用方式、承载力水平、管理方式看，我国草原资源管理利用水平还需要提高。巩固草原生态环境建设成果任务艰巨，随着工业化、城镇化的推进，草原过度利用、保护不足，草原退化沙化和水土流失依然严重，沙尘暴等自然灾害和鼠虫生物灾害仍频繁发生，部分地区超载过牧、乱开滥垦、乱采滥挖等破坏草原现象屡禁不止。推动草原畜牧业转型发展、促进牧民增收任务艰巨，牧区经济结构单一，牧民增收渠道狭窄。草原畜牧业作为牧民收入的主要来源，发展面临草料缺和水平低的双重挑战。

三、生态文明建设的意义

生态文明建设对于开拓一个生态环境良好和生活富裕的文明发展道路十分重要。生态文明重在建设与实践，它有利于提高全社会对保护自然生态的重视程度及全人类共同保护地球的自然环境意识，对全面推进中国特色社会主义事业发展具有重大意义。

（一）生态文明建设是建设美丽中国的必由之路

2015年10月，在十八届五中全会上，"美丽中国"被纳入"十三五"规划，这也是"美丽中国"首次被纳入五年规划。美丽中国是生态文明建设的目标指向，建设美丽中国，核心就是要按照生态文明要求，通过建设资源节约型、环境友好型社会，实现经济繁荣、生态良好、人民幸福。建设美丽中国，需要积极探索在发展中保护、在保护中发展的环境保护新道路。

　　美丽中国的实现正是以生态文明建设为基础的，或者说，只有建设生态文明才能托起美丽中国。大力推进生态文明建设，将实现美丽中国的形象之美、行为之美和灵魂之美。形象之美在于青山、绿地、净水。生态文明建设将促使经济发展方式转变、经济结构调整，实现资源节约型和环境友好型的社会，进而恢复美丽中国的秀丽形象。在生态文明建设的指引下，广大群众的环境保护意识能够有效增强，他们能够自觉按照生态文明的要求，积极实践绿色环保的生活方式和行为方式，从而实现美丽中国之行为之美。灵魂之美在于良好的社会风气。生态文明建设既以制度维护环境的公平和正义，又以道德风尚规范整个社会的环境秩序，进而铸就了美丽中国的灵魂之美。

（二）生态文明建设是实现绿色高质量发展的必然要求

　　生态文明建设需要我们树立绿色的、高质量的、可持续的生产和消费理念，改变全社会的生产方式和消费方式。生态文明建设是发展方式转型的必然要求，主要有以下两点。第一，生产方面。与发达国家的先进水平相比较，我国仍然存在粗放型发展方式，这是由于我国长期以来受到经济发展模式、发展阶段和地理环境等因素的限制，资源环境的约束成为制约我国经济可持续发展的瓶颈。中国作为人口大国，又处于实现中华民族伟大复兴的关键性时刻，生态文明建设的突出矛盾就是资源的供求不足，主要表现为人均资源不足，自然资源的消耗量极大，绝大部分还需要依靠进口。自然资源和能源的紧缺不断地刺激着经济的发展和生态环境之间的矛盾。所以，建设生态文明，推进循环经济，提高可再生能源的比重，走投入少产出多的现代化新型发展道路，是实现人类、自然、经济和社会和谐相处，生态与经济协调发展的内在要求和必由之路。在生态文明建设中，我们应该立足循环经济，关注生态环境，将经济发展方式由粗放型向集约型、由量的增长向质的上升、由低效率向高效率、由资源依赖向技术创新转变，从而实现绿色、高质量的发展。第二，消费方面。消费方式是指在一定社会经济条件下，消费者同消费资料相结合的方式，它主要表现为社会大众消费的整体性状态。目前，我国的奢侈消费现象日益严重，在消费主义价值观念的驱使下，高消费和过度消费等行为成为一些人争先追求的生活方式，这不仅与我国的生态文明理念有差别，还同传统的消费习惯和经济社会发展不相适应，占用了过多的社会资源。所以，在生产方式和消费方式两方面都要积极优化产业结构，更新消费理念，大力提倡绿色生产和消费，从而推进中国社会绿色、高质量发展。

四、草原生态文明建设的意义

（一）草原生态文明建设是筑牢生态安全的重要保障

我国草原面积近 4 亿公顷，约占国土面积的 40%。草原生态系统每年可固碳 5.2 亿吨，折合二氧化碳 19 亿吨，大约能抵消我国全年二氧化碳排放总量的 30%。草原是我国江河的源头和涵养区，长江、黄河、澜沧江、怒江、雅鲁藏布江、辽河和黑龙江等源头水源地都是草原。我国有 18 个草原类型，拥有 1.7 万多种动植物物种，是维护我国生物多样性的重要"基因库"。草原是我国"两屏三带"（青藏高原生态屏障、黄土高原—川滇生态屏障，东北森林带、北方防沙带和南方丘陵山地带）的主体植被之一，保护草原、建设草原生态文明对我国生态保护和修复具有重要的促进作用。

（二）草原生态文明建设是生态文明体制改革的重要阵地

改革开放以来，特别是党的十八大以来，生态文明建设加快推进，涉及草原生态体制的改革明显加快，各项改革措施深入落实，草原综合植被盖度被列为生态文明建设的重要约束性指标。2011 年，中华人民共和国成立以来投入最大、覆盖最广、影响最深的草原生态保护补助奖励机制正式实施，施行禁牧补助、草畜平衡奖励等，惠及 1600 余万农牧民，调动了农牧民保护草原生态的积极性和主动性。草原承包经营制度深入落实，累计承包草原约 2.9 亿公顷，约占全国草原面积的 73%，初步实现"草原有其主"。各地建立征占用草原管理制度，对矿藏勘查开采、工程建设征用等使用草原的行为收取草原植被恢复费。加强草原监督管理体系建设，《中华人民共和国草原法》《草原防火条例》成为依法治草的有力武器，草原执法能力稳步提升。

（三）草原生态文明建设是实现草原牧区振兴的有力依托

草原是牧区陆地生态系统的主体，建设草原生态文明，就是要为牧区发展创造更好的生态条件。近年来，各地牧区大力实施退牧还草、风沙源治理、游牧民定居等重大草原生态工程，认真落实草原保护政策，推进草原生态加快恢复。草原生态加快好转为牧区科学发展创造了更好的生态环境条件，牧区生产总值和地方财政收入增速均明显上升；特色产业快速发展，二、三产业比重迅速提高；草原畜牧业综合生产能力不断增强，对于牧区经济社会发展发挥了特殊作用。

（四）草原生态文明建设是农业供给侧结构性改革的重要途径

草地农业是将以谷物籽粒生产为主的现有主粮型耕地结构，转变为以籽粒与绿色营养体生产并重的粮草兼顾型结构，是发展我国传统耕地农业的一条有效途径。

　　国家统计局相关数据显示，从 2013 年起我国人均粮食消费量开始出现下降。虽然 2019 年较 2018 年有所回升，但人均粮食消费量也仅为 130.11 千克 / 年。肉蛋奶消费方面，肉制品、鸭肉在 2021 年上半年销量比 2019 年上半年增长超 2 倍，蛋类、猪肉、低温奶销量增长超 1 倍，牛羊肉销量增长超过 85%；谷物蛋、土鸡蛋在 2021 年上半年销量比 2019 年上半年增长超 10 倍，初生蛋 2021 年上半年销量比 2019 年上半年增长 6.5 倍；蛋白质升级牛奶 2021 年上半年销量比 2019 年上半年增长超过 10 倍，更适合青少年和中老年的高钙奶 2021 上半年销量比 2019 年上半年增长 509%。照此发展，到 2030 年，我国的饲料粮消费需求将达到口粮的 2 倍以上。北京林业大学教授卢欣石认为，未来的粮食问题不是口粮短缺，而是饲料粮保障问题。他在研究中指出，发展草地农业是农业结构调整新选择。[①] 我国的牧草和饲用植物种类丰富，多达 6400 余种。这些植物具有不同的特性和生态适应性，可以满足各类不同气候、土壤、水分条件的自然资源进行绿色营养体的生产。即便是不利于粮食作物和经济作物生产的土地，也可以用来种植适宜的牧草和饲用植物。甘肃黄土高原地区实行草田轮作，一个轮作周期 3 ～ 4 年，就可以提高土壤有机质约 23%，每公顷土地可增加氮素 100 ～ 150 千克，在不增施肥料的前提下，可以提高后作粮食产量 10% 以上。发展草地农业的空间宽广，低中产田、农闲田、林果隙地、草山草坡都是发展草地农业的优势选择。据初步统计，我国低、中产田面积 8000 万公顷，农闲田面积近 990 万公顷，各类疏林、茶林、果园隙地 148 万公顷，目前已利用种植牧草的面积不足 10%。如果能够通过推行草地农业，将上述各类土地的 10% 用于种植优良牧草，在不影响原有生产力的同时，可以增收牧草干草 1 亿吨。按照平均 10 千克牧草干物质转化 1 千克牛羊肉计算，可增加生产约 1000 万吨牛羊肉。此外，我国还有 1 亿公顷的草山草坡。这些草地农业的产出相当于增加了 1 亿亩（1 亩 =666.7 平方米）耕地良田。

---

① 卢欣石 . 草地农业是农业结构调整新选择 [EB/OL]（2015-09-11）.http://sannong.cntv.
cn/2015/09/11/ARTI1441931319982211.shtml.

第二节　草原生态文明建设研究综述

一、国际国内生态文明研究综述

（一）国际生态文明研究综述

1.国际生态文明研究的起源及演化过程

20世纪60年代以来，随着全球生产力的发展，生态环境越来越恶化，人类急需寻找新的发展模式，因此国际上开始了生态文明建设的探索。1962年，美国女科学家蕾切尔·卡逊发表了《寂静的春天》一书，这标志着现代生态意识的觉醒。1972年，联合国举行第一次"人类与环境会议"，讨论并通过了《人类环境宣言》。同年，罗马俱乐部（关于未来学研究的国际性民间学术团体）发表《增长的极限——罗马俱乐部关于人类困境的报告》，为后来的环境保护与可持续发展奠定了理论基础。1987年，世界环境与发展委员会发布《我们共同的未来》报告，第一次提出了"持续发展"的概念，是人类建构生态文明的纲领性文件。1992年，联合国环境与发展大会提出了全球性的可持续发展战略。2008—2009年金融危机余波未散之际，联合国环境规划署又提出了"绿色经济"和"绿色新政"的倡议。在学界，以美国为代表的西方国家对生态文明的研究广泛且具有高水准，对全世界的生态文明研究影响深远。美国经济学家肯尼斯·鲍尔丁在《即将到来的宇宙飞船世界的经济学》一书中，围绕环境友好型的生产活动和资源高效利用等议题，提出了循环经济理论。加拿大学者威廉·莱斯分别于1972年和1976年发表了《自然的控制》和《满足的极限》两本书，提出解决生态危机的途径是建立"易于生存的社会"。

1979年，加拿大学者本·阿格尔在《西方马克思主义概论》一书中首次提出"生态马克思主义"理念，后该理念成为生态文明建设的指导性思想之一。1981年，美国经济学家莱斯特·R·布朗在《建立一个可持续发展的社会》一书中首次全面论述了可持续发展观。至20世纪80年代初，德国学者约瑟夫·胡贝尔、马丁·耶内克及荷兰学者阿瑟·莫尔等提出了强调经济发展与环境保护相互促进的生态现代化理论，该理论在20世纪90年代发展迅速。1995年，美国学者罗伊·莫里森在《生态民主》一书中正式将生态文明定义为工业文明之后的一种文明形式。2012年，联合国可持续发展大会召开，重点讨论了绿色经济和可持续发展的框架模式。2015 年，联合国大会第七十届会议通过了《2030 年可持续发展议程》。国外生态文明的发展呈现出规划时期早、规划时限长、实践效果好的特点，其中，西方国家关于可持续发展的战略推动了生态文明的发展。

20 世纪 80 年代起，丹麦、澳大利亚等国家就提出了建设具有生态人居、生态农业、生态文化等特征的"生态村"。欧盟于 1984 年起开始实施"欧盟框架计划"，到 2021 年已连续开展了 9 次，第九次"欧盟框架计划"重点关注基础研究、创新、社会重大问题三大领域。美国在 1997 年就制定了三年一更新的环境保护战略规划，目前已定制到 2021 年……除此之外，还有许多西方学者提出诸多类似于生态文明的概念，如"生态理性（ecological rationality）""生态优先（ecological priority）""稳态经济（steady-state economy）"等。对于生态文明的研究已进入一个多学科交叉、理论研究与实践研究并行的繁荣期。

2. 现阶段国际生态文明研究综述

国际上关于生态文明的研究非常广泛、繁杂，但主要集中在以下三个研究领域。其一，哲学社会科学领域。由于生态文明先是一种文明，所以部分学者从生态文明的内涵和社会关系方面进行探讨，形成了生态伦理学、环境哲学、深生态学等理论。其二，资源与环境管理领域。良好的生态文明需要资源节约型、环境友好型社会为基本土壤，部分西方学者由此提出了一系列新的社会环境理论，如生态现代化理论及生态城市理论。前者主张解决生态危机的必由之路是工业社会转型，从社会学角度阐释生态现代化的内涵，认为其追求经济有效、社会公正和环境友好的发展，是经济和环境的双赢模式。后者主要探讨城市发展的生态极限、城市建设理想模式，以及运用生态学的方法来解决城市发展中存在的问题，并逐渐与社会学、人类学等人文学科相互渗透。其三，经济学领域。由于生态文明和可持续经济发展模式是相互促进关系，所以如何促使两者深度融合并发挥积极作用也是生态文明的重要研究方向。由此还形成了生态经济学这一新兴学科，其中产生了生态价值观、可持续发展理论及生态产权理论等代表性理论。

（二）国内生态文明研究综述

1. 国内生态文明研究的起源及演化过程

我国政府从 20 世纪中期起就已经开始注意生态环境保护。90 年代初，《中国环境与发展十大对策》《中国 21 世纪议程——中国 21 世纪人口、环境与发展白皮书》等一系列环境保护措施相继出台。2002 年 11 月，党的十六大提出了增强可持续发展能力、改善生态环境、促进人与自然和谐的目标要求，奠定了生态文明建设的思想基础。十六届三中全会初步阐明了生态文明建设的发展内涵、思路和目标。2005年12月，《国务院关于落实科学发展观加强环境保护的决定》出台，明确提出"发展循环经济，倡导生态文明"。2006年3月，我国"十一五"规划纲要提出建设资源节约型和环境友好型社会。2007年10月，党的十七大报告将"建设生态文明"列为建设小康社会的目标之一。2011年3月，我国"十二五"规划纲要明确了生态文明建设的主题和具体路径。2012年11月，党的十八大报告提出了建设生态文明的四项具体任务，并正式将生态文明建设提升到国家战略高度，至此，生态文明建设被定位为中国特色社会主义建设的总体布局之一。2017年10月，习近平同志在十九大报告中更是用相当大的篇幅对加快生态文明体制改革、建设美丽中国作出了部署。

在我国学术界，早在20世纪70年代初期，就已经有学者开始讨论环境问题与民众生产生活活动的关系，如城市绿化、噪声危害等议题。1978年，我国制定了环境经济学和环境保护技术经济八年发展规划（1978—1985年），对环境经济学的研究工作从此开始。1980年，中国环境管理、经济与法学学会的成立进一步推动了环境经济学研究。1987年，著名生态学家叶谦吉在中国学术界首次明确使用生态文明概念，提出生态文明就是"人类既获利于自然，又还利于自然，在改造自然的同时又保护自然，人与自然之间保持着和谐统一的关系"[1]。20世纪80年代末期至90年代初期，学界开始讨论生态文明的基本观念、理论及实现基础。1990年，李绍东发表《论生态意识和生态文明》一文，提出生态文明的内容包括生态道德观、生态理想、生态文化、生态行为。1992年，谢光前发表了《社会主义生态文明初探》，将社会主义建设与生态文明联系起来。还有学者以人类进入生态文明时代为背景，讨论了城市生态农业理论、模式及其综合效益。之后，受联合国环境与发展会议的影响，学者们开始讨论资源的保护利用以及资源节约型产业观点，并将其和可持续发展观念相衔接，1994年，黄顺基、李宗超正式提出了可持续发展与中国生态文明建设之间的关系。20世纪90年代中后期，学界关于生态文明的讨论涵盖层次越来越广，开始出现系统化的理论研究，以及研究对象为地域或产业等各方面的各种实证研究；还出现了对生态文明实践的具体路径的讨论，包括生态文明的指标体系、综合评价要素等。进入21世纪后，我国学者对生态文明的探讨出现爆发式增长，涵盖了哲学社会科学、资源与环境科学、经济学的多个领域。

---

① 叶谦吉.生态农业——农业的未来[M].重庆：重庆出版社，1998.

2.现阶段国内生态文明研究综述

我国学者对生态文明的研究基本集中在以上三个领域中，但是其中又显现出带有国情特色的研究偏向。

（1）理论研究方面。在理论研究上，不同领域专家从不同维度与视角出发，对生态文明的概念与内涵进行研究。概括起来，大约有以下几种类型。第一，从生态学及生态哲学视角出发。上文提及的叶谦吉提出的生态文明概念正属于这一类型。因此，部分学者将生态文明与绿色文明、环境文明对等，认为生态文明是一种在自然生态平衡基础上经济社会和生态环境全球化协调发展的文明。[①] 第二，从文明形态角度出发。这一类型概念往往会讨论生态文明在人类文明历程中所处的阶段，强调生态文明是一种全新的、更加高级的文明形态，如认为生态文明"表征着人与自然相互关系的进步状态"[②]，或认为生态文明是一种"后工业文明"[③]，也有学者认为生态文明应当是物质文化的进步状态，与农业文明和工业文明构成一个逻辑序列[④]。第三，从人类文明的构成要素及成果表现形式角度出发。这类概念或认为生态文明是调整人与自然关系的精神成果总和，或认为生态文明是调整人与自然关系的物质成果和精神成果总和，还有一种较宽泛的理解，认为生态文明是调整人与自然、人与人、人与社会关系的物质成果与精神成果总和。还有学者认为，生态文明的概念需要从广义和狭义两个层面进行理解，广义的生态文明是人类社会文明发展的某一阶段；狭义的生态文明是指与物质文明、政治文明和精神文明相并列的一种文明，是某一文明阶段的某种具体文明形式。广义生态文明和狭义生态文明相互联系，前者以后者为基础，而后者可以衍生出前者。

总的来说，以上概念都具有强调人与自然平等的共性。生态文明应该是一个极具发展性和包容性的概念，会随着时代进步不断变化，变得更为丰富立体。除对生态文明的概念与内涵进行研究，学者们的研究内容还涵盖以下几个方面。其一，讨论生态文明与以儒释道为代表的中国传统文化的关系，从中探究生态文明在我国的历史文化渊源，如讨论中国传统文化中体现的原始生态文明理念；探讨传统文化中生态理论的具体表现，或传统文化生态观在现代社会的意义；还有学者讨论了传统文化中的生态智慧与实践等问题。其二，讨论中

---

① 余达锦.基于生态文明的鄱阳湖生态经济区新型城镇化发展研究 [D].南昌：南昌大学，2010.
② 俞可平.科学发展观与生态文明 [J].马克思主义与现实，2005（4）：4-5.
③ 王治河.中国和谐主义与后现代生态文明的建构 [J].马克思主义与现实，2007（6）：46-50.
④ 欧阳志远.关于生态文明的定位问题 [N].西安日报，2008-02-04（7）.

国特色社会主义生态文明建设。这方面的研究主要包括从党的理论创新、科学发展观等方面讨论生态文明的意义，讨论生态文明建设在中国特色社会主义建设事业中的地位和作用，讨论以生态马克思主义为代表的生态文明建设理论依据，以及生态文明建设的宏观战略举措，等等。其三，讨论生态文明相关社会制度的建立研究。对这个问题的探讨主要集中在生态文明制度的定义上，既有宏观层面的定义，又有微观层面的定义。在这一基础上，学者们讨论了生态环境管理制度的完善和创新，这和国际上关于生态产权理论的研究有共通之处；还有学者将目光放在生态文明制度建设实现路径方面，提出从法律、经济鼓励、教育手段、考核评价机制等多个方面进行建设。

（2）实证研究方面。在实证研究上，其研究内容涵盖以下几个方面。其一，运用系统分析方法，研究生态文明建设评价指标体系。20世纪90年代开始，国家环境保护总局（今中华人民共和国生态环境部）相继开展了生态示范区、生态省、生态县等一系列生态创建工作。与此相适应，官方机构和一些专家学者开始研究和建立相关的指标评价体系。例如，中国科学院制定了包含生存、发展、环境、社会和智力五大支持系统的可持续发展指标体系；国家统计局和中国21世纪议程管理中心的指标体系则从社会、经济、资源、人口、环境和科教六大系统设置；国家环保总局的可持续发展城市判定指标体系；等等。党的十七大后，国内出现了生态文明建设指标体系的研究高潮。2008年，厦门率先发布生态文明城镇评价30项指标，其后，全国各个省份、超过1000个县（市、区）开展了生态省、生态县（市、区）建设。现有生态文明指标体系大都参考《国家环境保护模范城市考核指标及其实施细则》《"十一五"城市环境综合整治定量考核指标实施细则》和《国家生态县、生态市、生态省建设指标（试行）》等设置，指标归集则参照压力—状态—响应（Pressure-state-response，PSR）思路。其二，从循环经济、低碳经济、环境保护、可持续发展等不同理论及技术层面研究生态文明建设的途径。相关研究有的探讨这些相关理论与生态文明的内在联系、耦合逻辑与实现机制；有的从法律、经济、制度等社会角度的实践方面来讨论相关理论对生态文明建设的促进作用和推动方式；有的讨论在生态文明时代下，以相关理论为指导的发展范式转型；也有学者从生态文明视角出发，以具体某一区域或某一行业为讨论对象，探讨相关理论的实践。其三，以不同层面的地域为研究对象，讨论生态文明建设实践。这类讨论有的针对某一具体区域，有的则广泛适用。例如，不少学者根据区域的性质和特色，对生态经济区的建设提出了见解。有学者从流域生态经济的角度，讨论如何对江河流域内的生态系统和社会经济结构进行动态协调的整体规划和建设；有学者从区域化、城市化的角度，运用区域经济学和城市经济学理论对城市群和经济圈的生态文明建设整合、生态一体化等问题进行了研究；有学者提出用生态系统优化原理、目标规划方法和控制论方法研究城市生态问题；也有学者认为我国生态经济区建设可以以生态农业县为基本单位展开，其下还可以具体到生态工业园区、生态旅游区、生态农业区等，而具体针对某省、某市县乃至于类似自然保护区、旅游景区等某特定区块的生态文明建设论文则更加繁杂，使用的研究方法也十分多元化。其四，研究生态文明对我国社会、经济等各维度、各方面的指导作用，讨论如何从生态文明这一新视角出发去解决老问题，并积极实践。例如，我国规划界研究如何以协调规划区域内部结构与外部环境关系为基础，实现生态规划；讨论生态经济系统和模型，通过物质流与能量流计算生态自然价格；讨论生态文明建设对贫困地区，尤其是少数民族贫困地区社会全面发展的意义、耦合关系及实践体系；讨论生态文明对地区旅游产业发展的推动作用，尤其是对旅游可持续发展及旅游扶贫工作的积极作用；等等。研究主题、研究对象、研究理论十分多样，不一而足，亦有学者将生态文明与多种主题融汇，进行联合研究或交叉研究。

（三）生态文明建设研究评述

国内外对生态文明建设及其相关理论的研究都有较长历史渊源，其源头都是对生产力和生产关系发展失衡造成的资源、环境压力的反思。以欧美为代表的西方发达国家对生态文明的研究集中在哲学社会科学、资源与环境管理、经济学三大领域中，尤其强调以回归自然的理想化境界为目标，获得社会、经济、环境三大效益的平衡发展。国内生态文明研究的快速增长阶段是 20 世纪 80 年代末到 90 年代初，这和我国当时所处的国际经济环境及国内社会经济发展阶段是密不可分的。但当时的研究缺乏理论基础和总体导向，整体理论框架还很不完善，相关实践停留在生态农业、生态工业等相对粗浅的层面，对生态旅游业和生态产业基础设施及配套服务设施等第三产业领域的研究较少。党的十七大、十八大、十九大相继为新时期生态文明的研究指明了方向，研究高潮出现，其中针对生态文明理论和区域生态经济的研究是热点问题，围绕生态理论的再发展，资源的高效利用、再利用和可持续化管理，三大产业与环境的整合，经济及社会的可持续发展体系的标准及实践等对象展开。然而，限于时代背景和研究积淀，国内生态文明的研究还存在许多局限，如多注重整体研究和系统研究，而较少细节性、操作性的研究；多为抽象的理论阐述，而较少实证研究；研究多针对发达地区，而较少针对欠发达地区；研究学科较为单一，集中于生态学、城市规划学、地理学等的研究，多学科融合不够深入，研究视域还不够广阔。因此，生态文明及生态文明建设相关研究还有待更多的交叉、整合。

二、草原生态文明研究综述

（一）国外草原生态文明研究综述

由于环境生态系统地域性比较强，目前国外对于草原生态领域的研究成果较少，主要列举如下。

（1）Lee C. Buffington 与 Carlton H. Herbel（1965）对 1858 年至 1963 年半沙漠化草地的植被变迁做了纵向分析。

（2）Jan P. Bakker、Frank Berendse（1999）对欧洲草地资源过度开发的问题展开研究，提出应对草地生态多样性的恢复与健康发展采取强制措施。

（3）S. J. McNaughton、F. Banyikwa、M. McNaughton（1998）对塞伦盖蒂国家公园的 150 个草场的数据进行综合分析，重点探讨草原生态与生物迁徙之间的关联性与影响因素。

（4）Mark R. Stromberg、James R. Griffin（1996）对加利福尼亚沿海地区草场进行长期数据跟踪并建模，研究草原培育、草原生物与草原放牧之间的关联性及上述因素对草原生态的影响。

（二）国内草原生态文明研究综述

国内学者主要从历史学、社会学、伦理学、民族学、民俗学、文化人类学、生态学、哲学、宗教、艺术等视角进行草原生态文明的研究，广泛研究了蒙古族生态文化的历史渊源以及蒙古族传统生态文化与现代社会发展的关系。在不同视野下对蒙古族历史、社会、经济及文化等问题进行的深入分析极大地丰富了我们对蒙古族生态文化的认识。其中代表性著作有以下几部。

（1）格·孟和（1997）的《试论蒙古族草原生态伦理观》[①] 在深入挖掘蒙古族传统文化中关于尊重自然、保护生态的伦理道德思想的基础上，对其基本内容、有关的观念及特点进行了系统论述，明确地提出伦理道德不仅包括人际伦理道德，还包括生态伦理道德。把生态平衡作为伦理范畴加以强调，予以阐

---

① 格·孟和. 试论蒙古族草原生态伦理观 [J]. 内蒙古师范大学学报（哲学社会科学版），1997（5）：4-10.

明，不仅使人与自然关系的认识上升到新的高度，还在保护生态方面开拓了新的可行性途径。

（2）刘钟龄（2000）的《蒙古族的传统生态观与可持续发展论》提出，蒙古族人民的游牧生活恰恰构筑了天、地、生、人的复合生态系统，是历史条件下能量流动与物质循环高效和谐的优化组合。游移放牧的完整规范可以保持草原自我更新的再生机制，维护生物多样性的演化，满足家畜的营养需要，保障人类的生存与发展。

（3）包玉山（2003）的《内蒙古草原畜牧业的历史与未来》论述了传统畜牧业的可持续性、传统农业生产方式的不可持续性、游牧畜牧业的合理性及基本矛盾、草场所有制、内蒙古草原退化的原因等。

（4）盖志毅（2007）的《草原生态经济系统可持续发展研究》详述了草原生态系统退化的原因、现状并有针对性地提出了对策。

（5）陈寿朋（2007）的《草原文化的生态魂》从研究草原文化入手，通过深入分析我国北疆高原物质文明与精神文明的历史与现实，明确提出我国的农耕文化在很大程度上得益于蒙古高原绿色生态屏障的保护。草原文化以爱护草原、珍惜生命、人与自然和谐相处为精神实质，是我们正在建设的生态文化的重要内容。作者强调在构建社会主义和谐社会的今天，应发扬草原文化的可贵传统，积极促进人与自然和谐相处、和谐发展。

（6）包欣欣（2008）在《草原生态文明初探》一文中反对单向度地强调人的主体地位，认为要倡导草原与人类共同繁荣、协调发展，只有科学合理地开发及利用草原，和草原建立和谐的伙伴关系，保护和发展好我们赖以生存的家园，才能为自身及社会的蓬勃发展提供源源不断的物质保障。草原生态系统有其自身的内在价值和创造性价值，草原是众多民族的发源地，在保护生物多样性、涵养水源、净化空气等方面已起到了重要作用，尤其在防风固沙方面成为重要的生态屏障，这都是草原生态自身内在价值的具体体现。

（7）盖志毅（2008）的《制度视域下的草原生态环境保护》分析了我国草原生态环境受到破坏的现状，我国现存草原产权制度具有局限性，应完善现存草原制度。

（8）王晓毅（2009）的《环境压力下的草原社区——内蒙古六个嘎查村的调查》从对六个嘎查村的调查，分析内蒙古草原现存的问题、草原承包后被压缩的放牧空间、政策下的管理缺失、干旱下牧民生计的艰辛等。

（9）原丽红（2010）的《草原生态文化与生态文明建设》一文从生态整体

的角度对草原进行更多的道德关怀，提出要立足本土文化，大力弘扬协调平衡的生态理念。人与草原的相互尊重是草原生态文明发展的前提，我们不仅要转变对草原"工具价值"的看法，不再把草原当成被人们利用的工具，还要转变自身的生产生活方式，尊重草原上的一切生命和价值。

（10）韩俊（2011）的《中国草原生态问题调查》通过理论和实践调查分析了我国草原的生态现状、草原治理中存在的矛盾和问题、草原治理的思路。

（11）刘钟龄（2014）的《北方草原生态安全与草地农牧业发展》指出，一定要总结历史经验，发扬草原文化的精髓，使草原发展走科学创新之路。要因地制宜地治理草原退化，实行休牧与轮牧，实现草原的更新复壮；也要进行草原水资源的科学配置，开发适宜的土地，建设节水的人工草地与饲料地。还要强化草原法制管理，建立草原保育及生态补助的激励机制，发挥系统耦合效应，构建草原新型农牧产业体系。

（12）马林、张扬（2017）《中国草原生态文明建设的思路及对策探讨》分析了我国草原生态文明建设中的深层次矛盾和困境，明确了草原的战略属性和生态文明建设的基本思路，系统提出了应高度重视草原资源的战略地位、加大草原生态文明制度建设力度、促进经济和草原生态保护协调发展等对策建议。

以上关于草原生态文明的研究在看待问题的战略高度、相关理论的研究深度及解决方案的实施力度方面尚存在较大的提升空间，由此可见我国草原生态文明的建设尚未系统而有效地展开。因此，必须从国家战略层面高度重视草原生态文明的建设，进行整体系统规划与体系设计，并给出有针对性的解决方案，这也是本课题研究的出发点与突破点。尽管本课题组已经对草原地区以及草原生态文明建设的问题进行了20年系统而持续的研究，曾对草原地区生态屏障保护工程、牧区可持续发展模式、草原保护红线概念及内涵做了一定的研究，但从总体上确立草原生态文明的战略高度，将其作为一个完整、系统的研究单元，从实现生态文明构建的视角展开研究尚属首次。

第三节　草原生态文明概念和内涵

一、生态文明概念和内涵

（一）生态文明的产生与发展

生态文明是人与自然共存共荣共进、和谐发展的文明，必将替代工业文明。世界工业化发展造成了全球生态危机，严重威胁到人类自身的生存和发展。生态危机产生的直接原因在于人类的生产方式、生活方式的失范，其实质是文化危机。生态文明作为对农业文明和工业文明的超越，代表了一种更为高级的人类文明形态。生态文明坚持的是可持续发展原则，是以人与自然、人与人和谐共生、良性循环、全面发展、持续繁荣为基本宗旨的。

生态文明是在人类对传统文明形态特别是工业文明深刻反思的基础上产生的，它与全球日趋严重的环境问题密切相关。人类社会的资源是有限的，资源与环境的可再生能力是人类生存发展的基础。在原始文明和农业文明时期，人类主要靠天吃饭，改造客观自然的能力非常弱，对自然生态的破坏和影响微乎其微。而在社会化大生产的工业文明时代，人类改造生态环境的能力和范围不断扩大，改造客观世界的高投入、高能耗、高消费对生态环境造成了严重威胁，使地球出现了严重的环境污染、物种灭绝、资源短缺等生态灾难。一系列全球生态危机说明地球及其资源、环境能力已经难以支持工业文明的继续发展，需要开创一个新的文明形态来实现人类的可持续发展。因此，生态文明应运而生，被纳入了人类文明的生态平衡；生态文明的实质就是要摆正人与自然的关系，实现人与自然的和谐共生，引导人们走可持续发展的道路。建设生态文明是对传统文明形态特别是工业文明进行深刻反思形成的认识成果，也是在建设物质文明过程中保护和改善生态环境的实践成果。建设生态文明不是否定工业文明，而是强调先进的工业文明必须实现人与自然的和谐。

建设生态文明有利于实现人与社会、人与环境、当代人与后代人的协调发展，不仅能实现代内公平，还能实现代际公平。所以说，生态文明是未来文明的发展方向，也是人类社会发展的必然选择。只有实现了从工业文明向生态文明的转型，人类才能从总体上解决威胁人类文明的生态危机。文明范式的转型是人类走出生态危机的必由之路。

（二）生态文明的概念界定

生态文明是人类在对传统工业文明进行反思的基础上探索建立的一种可持续发展的理论及其实践成果，是继原始文明、农业文明和工业文明之后的人类文明的一种新形态。20 世纪 60 年代以后，关于生态文明理论的研究开始加速发展，国外生态文明研究逐渐步入正轨。我国生态文明研究兴起于 20 世纪 80 年代后期，是改革开放过程中逐渐凸显出来的新课题。生态文明概念目前还没有统一的界定，主要有三种观点。第一，生态文明仅指人与自然和谐相处。有学者提出，"所谓生态文明，从发展哲学的意义上说，指的是一种人与物的和生共荣、人与自然协调发展的文明"①。有学者认为，"生态文明的核心是统筹人与自然的和谐发展，把发展与生态保护紧密联系起来，在保护生态环境的前提下发展，在发展的基础上改善生态环境，实现人类与自然的协调发展"②。第二，生态文明不仅是人与自然的关系，还包括人与人的关系。有学者认为，"生态文明是社会文明的生态化表现，是指人们在改造客观物质世界的同时，不断地克服改造中的负面效应，积极改善和优化人与自然、人与人的关系，建立有序的生态运行机制和良好的社会环境，建立高度的物质文明、精神文明和制度文明"③。第三，生态文明有广义与狭义之分。有学者提出，"生态文明理念有狭义与广义之别。狭义的生态文明一般仅限于经济方面，即要求实现人类与自然的和谐发展；广义的生态文明则囊括了社会生活的各个方面，不仅要求实现人类与自然的和谐，还要求实现人与人的和谐，是全方位的和谐"④。有学者认为，"广义上的生态文明是继工业文明之后，人类社会发展的一个新阶段；狭义上的生态文明是指文明的一个方面，即相对于物质文明、精神文明和制度文明而言，人类在处理同自然关系时所达到的文明程度"⑤。目前，大多数学者认为，"生态文明是指人类遵循人、自然、社会和谐发展这一客观规律而取得的物质与精神成果的总和；是指以人与自然、人与人、人与社会和谐共生、良性循环、全面发展、持续繁荣为基本宗旨的文化伦理形态"。这个定义涵盖得比较全面，既包括了人与自然，又包括了人与人、人与社会，还包括了物质和精神及持续发展的内容。综上所述，生态文明是人类为保护和建设美好生态环

---

① 高长江.生态文明：21 世纪文明发展观的新维度 [J].长白学刊，2000（1）：7-9.
② 姬振海.生态文明论 [M].北京：人民出版社，2007：2.
③ 刘智峰，黄雪松.建设生态文明与城乡社会协调发展 [J].池州师专学报，2005（6）：16-18.
④ 甘泉.论生态文明理念与国家发展战略 [J].中华文化论坛，2000（3）：25-30.
⑤ 沈国明.21 世纪生态文明：环境保护 [M].上海：上海人民出版社，2005：1.

境而取得的物质成果、精神成果和制度成果的总和，是贯穿于经济建设、政治建设、文化建设、社会建设全过程和各方面的系统工程，反映了一个社会的文明进步状态。

（三）生态文明的本质内涵

生态文明是指人们在改造客观物质世界的同时，不断克服改造过程中的负面效应，积极改善和优化人与自然、人与人的关系，建设有序的生态运行机制和良好的生态环境所取得的物质、精神、制度方面的总和。它反映的是人类处理自身活动与自然界关系的进步程度，是人与社会进步的重要标志。

生态文明包含下述三个相互区别、相互联系的层面。一是物质层面。生态文明的主导产业是生态产业，即以生态化为目标的农业、工业、信息业与服务业。其核心是维护"自然—社会—经济"生态系统平衡的基础产业——生态农业。二是社会制度层面。生态文明是在以生态农业为核心的物质生产的基础上建立起来的新兴的社会制度。从政治、经济、法律、伦理、教育等方面规范和约束人们的行为；为保护良好的自然生态环境建立相应的法规与机构，以协调和解决在环境保护中的人与人的关系。三是思想观念层面。生态文明思想观念的核心要素是思维方式与价值观念的生态化思想。在思维方式上，要打破工业化的思维方式，避免只把注意力集中在工业发展上而不考虑生态化问题；在价值观上，要破除把经济价值凌驾于社会价值与生态价值之上的工业文明的价值观。

二、草原生态文明的概念和内涵

（一）草原生态文明的概念

生态文明是指人类在改造自然以造福自身的过程中为实现人与自然之间的和谐所做的全部努力和所取得的全部成果，它表征着人与自然相互关系的进步状态，它是人们正确认识和处理人类社会与自然环境系统相互关系的理念、态度及生活方式，是人类走出"人类中心主义"，建立人与自然和谐共处的新的文明发展进程。

草原生态文明是指人类为了生存和发展，形成的正确认识和处理人类社会与草原生态系统相互关系的理念、态度及生活方式，以实现人与草原的相互和谐，以及为达到这种和谐做出的所有努力和所取得的物质文明与精神文明总和。

（二）草原生态文明的内涵

1. 人与草原的互相尊重与平等

草原生态文明是人对自然的尊重，具体体现为人要尊重草原，认识草原自身的内在价值，把人与草原生态系统放在同等重要的位置上。霍尔姆斯·罗尔斯顿的自然价值论反对人类以主观主义的眼光来看待自然，承认生态系统本身具有超越工具价值与内在价值的系统价值。他认为，生态系统的创造性是价值之母，大自然的一切创造物只有在它们是自然创造性的实现意义上，才是有价值的。生态系统是一个具有包容力的重要生态单元，整个生态共同体的完整、稳定和美丽比任何有机体都更加重要。草原是生态共同体中的一个部分，而人类又是生态共同体中的有机体，因此，人类在一切活动中，都要从认知和行动上承认草原生态的系统价值，承认它的创造性价值。以往，人们只承认草原为人所用的工具价值，更多地把草原的经济价值作为人类经济活动与其他活动的着眼点，所以滥垦、滥牧、滥采等有悖草原生态系统自身规律的行为对草原造成了近乎毁灭性的破坏。要改变草原这种非生态的局面，应先从认识上树立人与草原平等的观念。人类要尊重草原上的一切生命，尊重这些生命的价值和它们作为一个整体的价值。

2. 人—草原—社会的协调共进

草原生态文明作为生态文明建设的重要组成部分，旨在提倡人—草原—社会的协调发展。人们不仅要尊重和敬畏草原，还要科学和合理开发利用草原，在开发利用草原资源的过程中，必须坚持生态优先理念，自觉保护和补偿草原，使草原与人类协同共进，实现草原绿色高质量发展，促进草原地区经济社会发展。

第四节　草原生态文明建设理论基础

生态文明是生态经济学、环境伦理学、产业经济学、系统理论等生态思想的升华与发展，是人类文化发展的重要成果，其中主要理论基础是生态经济学。

一、生态经济学理论

生态经济学是为可持续发展指导思想的建立提供理论基础的科学，同时它的理论与科学发展观的基本理论内在相通，也是贯彻科学发展观、具体指导我国建设生态文明实践的科学。生态经济学贯彻科学发展观指导生态文明建设的作用具体表现在以下几个方面。

（一）生态经济学是促进发展的科学

（1）生态经济系统是人们经济活动的实际载体，其中经济系统的活动是主导。生态经济学的理论认为，在实际经济发展中，人的一切经济活动都是在一定的生态经济系统中进行的。它由生态系统和经济系统两个子系统交叉结合形成，因此同时要受自然生态规律和经济规律两种客观规律的制约。在统一的生态经济系统中，生态和经济两个子系统的存在都是重要的，但是它们的地位和作用又不等同。其中经济系统的作用是主导。我国的生态文明建设在重视保护生态环境并以发展为主导的基础上，将为人们创造出更稳妥的福利。

（2）生态环境问题的实质是经济问题，是如何发展的问题。人们是在经济发展实践中建设生态文明的。从经济社会发展的本质看，人们在实践中所遇到的生态环境问题实际上都已经不是纯自然的问题，而是加入了人的影响的经济问题。这些问题的出现绝大多数也都是由于人为原因造成的，即人在发展经济的过程中采取了错误的经济指导思想并进行了错误的经济行为，破坏了自然生态系统的正常运行。因此，这些问题也必须通过人们端正自己的经济指导思想和经济行为才能得到解决。

（3）树立"积极生态平衡"的指导思想。从现实出发，人们可以看到当前发展经济的过程中，对待保护生态环境存在着以下两种错误倾向。一种是长期以来存在的"只顾发展经济，不顾保护生态环境"的错误倾向。对此人们已经有了比较明确的认识。另一种是目前在人们已经认识了保护生态环境重要性的基础上又出现的"为保护而保护生态环境"的另一种错误倾向，对此目前很多人还没有足够的认识。为了克服后一种错误倾向，生态经济学理论把"生态平衡"区分为"积极生态平衡"和"消极生态平衡"。其中有利于发展经济的是前者，不利的是后者。对后者"消极生态平衡"，是必须反对的。对前者"积极生态平衡"，则要看到，发展经济对原有自然生态环境的某些"破坏"是不可避免的。只要这种"破坏"既不会影响生态系统的正常顺利运行，又能促进经济发展，人们就不应该武断地一律斥之为"破坏生态平衡"，而应该进行具体分析。以全面生态平衡的思想为指导建设生态文明，这才是从实际出发，贯彻科学发展观、建设生态文明所应该采取的正确途径。

（二）生态经济学是为了人也要依靠人的科学

（1）人在生态经济系统中的地位具有双重性。生态经济学的理论认为，人同时是"生态系统"和"生态经济系统"的组成要素。但是在两个系统中的地位却完全不同。在生态系统中，人作为"自然的人"而存在，只是系统的一个生命要素，和其他动物的地位没有区别。但在生态经济系统中，人是作为"社会的人"而存在，就是整个系统的主导。由于"生态经济系统"的本质不同于纯自然的"生态系统"，而是"人工生态系统"，即"人造"或"人的影响参加建造"的生态系统，所以人就可以充分发挥自己的主观能动性，安排、调整乃至重建生态经济系统，为自己谋福利。这一点就决定了生态经济学是"为了人"的科学，也是能够贯彻科学发展观、坚持"以人为本"具体指导建设生态文明的科学。

（2）人对生态经济系统的作用具有双向性。对此生态经济学的理论也认为，人在生态经济系统中居于主导地位，但人对生态经济系统的作用具有双向性的特点。其根源是人在主导生态经济系统运行的过程中，是采取了正确的经济指导思想和行为还是采取了错误的经济指导思想和行为。这一点又决定了既要运用生态经济学理论贯彻科学发展观，具体指导我国生态文明建设，又要重视用"生态与经济协调"的思想规范人的经济行为，防止各种不利于生态文明建设的作用发生。

（3）发展经济是为了人，正确发展经济也要依靠人。对此生态经济学的理论认为，以上"人在生态经济系统中的地位具有双重性"和"人对生态经济系统的作用具有双向性"，两者是生态经济学中统一的"人与自然之间关系"理论的两个方面。其中前者"人在生态经济系统中的地位具有双重性"理论回答了建设生态文明的根本目的是什么的问题；后者"人对生态经济系统的作用具有双向性"理论则回答了在建设生态文明的过程中怎样正确发挥人的积极性，切实取得经济建设更大成效的问题。两者的统一使我们建立了一个在发展经济的过程中，人们"发展经济是为了人，正确发展经济也要依靠人"的全面正确的指导思想。只有以此为指导，人们才能更准确地贯彻科学发展观，使生态文明建设取得更全面、更有成效的成果。

（三）生态经济学是推动全面协调的科学

（1）"生态与经济协调"理论是生态经济学的核心理论。生态经济学有自己的理论体系，其中"生态与经济协调"理论是它的核心理论。"生态与经济协调"理论作为生态经济学的核心理论，它的建立体现了生态时代的基本特征。原因是生态时代是在工业时代的基础上发展转变形成的。它转变的目的和存在的特点就是改变工业社会的"生态与经济不协调"状态，使其转变到"生态与经济协调"的状态。生态经济学的理论是适应人类社会转变的这一需要而产生的，因此它的存在也必然是将"生态与经济协调"作为自己的基本特征和核心理论。具体来看，它的这一特点也全面表现在本身学科理论建立和作用的各个方面，如它的提出符合生态时代实现"生态与经济协调"的方向；它的运行以生态社会中"生态与经济不协调"和实现"协调"的矛盾运动为动力；它的发展以在"生态与经济协调"基础上实现生态社会的"可持续发展"为目的；等等。

（2）"生态与经济协调"是可持续发展的基础和前提。生态经济学的这一理论是支持自身推动生态文明建设能够切实发挥作用的一个重要理论。对于"生态与经济协调"是可持续发展的"前提"，人们在经济社会发展的实践中已经清楚地看到，只有在生态与经济实现协调的情况下，经济社会的发展才能够继续进行。也就是说，生态与经济协调了，经济社会的发展才能够持续；没有协调，就没有持续。对于"生态与经济协调"是可持续发展的基础，人们也可以看到，"生态与经济协调"包括纵向的协调和横向的协调，"可持续发展"的具体内涵也有狭义和广义两个方面。狭义的可持续发展通常是着眼于纵向的"生态与经济协调"，而广义的可持续发展（即本来全面含义的可持续发展）则必须同时包括纵向的"生态与经济协调"和横向的"生态与经济协调"，而其中横向"生态与经济协调"又总是作为纵向"生态与经济协调"的基础而存在的。

（3）全面的生态与经济协调建立在人与自然关系协调的基础上。对此生态经济学的理论认为，人的一切经济活动都在一定的"生态经济系统"中进行。其中经济系统的正常运行要以生态系统的存在和正常运行为基础。在实际经济社会发展中，"经济系统"又延伸为"经济社会系统"，人在其中的经济、社会活动共同代表"人与人的关系"，和"人与自然的关系"相区别。同时它们的正常顺利进行和能够取得应有最大的经济和社会效益也要建立在"人与自然的关系"协调，从而保证生态系统能够正常存在和顺利运行的基础上。

（四）生态经济学是实现可持续发展的科学

（1）人类社会的发展将进入新的生态时代。在工业社会中，人们拥有了高度发展的社会生产力，也创造了高度的物质文明和精神文明。但是没有"生态与经济协调发展"的思想意识作指导，因此经济的高度发展也必然带来生态环境遭到破坏的灾难性后果，从而导致经济社会不能可持续发展。工业社会固有的这一矛盾推动着经济社会的转变，也就使人类社会的发展必然走向以"生态与经济协调"为基本特征的新的生态时代。

（2）生态社会指引可持续发展的方向。人类社会的发展是一个不停顿的过程。生态与经济的矛盾推动着工业社会向新的社会经济形态转变。这就使新的生态社会的出现成为历史的必然。生态社会的建立是以"生态与经济协调"为基本特征，它的发展必然要指向可持续发展的方向。当代世界经济发展的实践已经证明了这一发展的客观规律性。1972 年，联合国针对世界经济发展严重破坏生态环境的现实，在瑞典首都斯德哥尔摩召开了旨在保护环境的联合国人类环境会议。之后，人们发现保护环境不能脱离经济发展，1992 年联合国在巴西里约热内卢又召开了联合国环境与发展会议，提出了重要的"可持续发展"指导思想，从此把人们引上了可持续发展的道路。由此，生态文明建设的任务也历史性地被提上了人类社会发展的重要议事日程。

（3）生态经济学是服务于实现可持续发展的科学。可持续发展指导思想的建立是生态时代的要求，同样生态经济学理论也是生态时代要求的产物。以此共同的要求为前提，可持续发展指导思想的建立是以"生态与经济协调"为基础，同样生态经济学的产生也是以"生态与经济协调"理论为自己的核心理论，两者产生的时代背景和理论基础是相同的。再从它们产生的具体要求看，两者出现时的时代任务也是相同的。对此人们也已经清楚地看到，1972 年联合国在斯德哥尔摩召开的人类环境会议，原来的出发点是保护环境。但是世界各国用20 年单纯保护环境的实践证明了保护环境不能脱离发展经济孤立地进行，环境与发展（核心正是"生态与经济"）两者必须紧密结合，从而就提出了"可持续发展"的重要指导思想指导人们的行动。与此同时也就产生了生态经济学的理论。这里可以清楚地看到，可持续发展指导思想的建立过程实际上也就是生态经济学理论的形成过程。两者在同一时代背景、同一要求下，为了同一目的，又同步产生，说明生态经济学是为实现可持续发展服务的科学，从而也是能够推动建设生态文明的科学，是完全正确的。

二、环境伦理学理论

环境伦理学是一门介于伦理学与环境科学之间的新兴的综合性科学。它是在人类生存发展活动和生存环境系统发生尖锐对立后，为满足协调人和生存环境系统的关系，求得人类和生存环境系统共同持续发展的社会需要而诞生的产物。中国生态文明建设包含着十分丰富的内涵，蕴含着深刻的环境伦理基础，概括来说主要体现为如下四个方面。

（一）以人为本

在当代，以人为本的中国话语的内核就是以人民为中心，即坚持人民至上，始终把实现人民的利益、幸福、尊严作为经济社会发展的根本目的。生态文明建设的中国方案从实质上来说就是中国共产党领导中国人民谋求中华民族伟大复兴的伟大实践。而以人民为中心的发展思想诠释了中国共产党的根本政治立场和价值追求，即把以人民为中心的发展思想融入党的路线方针政策，融入治国理政全过程，把增进人民福祉、促进人的全面发展作为一切工作的出发点和落脚点。当然，我国生态文明建设坚持以人民为中心的伦理理念绝不意味着在环境保护的问题上主张所谓的"人类中心主义"。生态文明建设的中国方案强调以人民为中心，并不是把人的利益抽象化，更不是把人的利益与环境保护对立起来。一方面，人的利益也包括人的环境权益，因而破坏环境、危害生态的行为都是损害人的利益的行为；另一方面，强调人的利益绝不是强调人对自然的掠夺，而是更要强化人对自然的责任和义务。

（二）和谐共生

生态文明建设的中国方案内含着和谐共生的环境伦理理念。其基本含义包括以下几点。第一，人与自然之间的和谐共生，即在保护自然的问题上切忌"头疼医头脚疼医脚"的做法，而必须整体关照、系统修复和综合治理，从总体上来提升自然生态的功能。第二，人与社会的和谐融合即社会层面的各种关系的和谐。从社会关系的层面来看，生态问题归根结底是利益问题。目前，生态危机实际上也反映出社会内部所存在的利益矛盾，如在利用自然资源和分担生态负担问题上所存在的阶层不公平、城乡不公平、区域不公平等，利益补偿的长效机制没有建立起来，谁受益谁补偿、谁破坏谁治理的基本原则没有得到很好的贯彻。社会和谐还包括构成一个社会的各种要素要合理搭配、密切配合、相互促进，要使社会的经济建设、政治建设、文化建设、社会建设都能够得到协调发展。第三，个人自我身心和谐协调。人自身的失衡也是造成生态危机的重要原因。这就如欧文·拉兹洛所说，人类生存的极限并不在于地球自然资源的限度，而在于人的内心，在于人类对于自己的生活态度、生存方式的选择。第四，世界的和谐共存。人与自然的关系是全人类所面对的共同问题，或者说是全世界的普遍问题。要改变人与自然的敌对状态，扭转全球生态危机的局面，需要全世界人的共同努力。即当今世界不同国家在利用自然资源和分担生态责任的问题上要体现机会平等、责任共担、合理补偿，即强调公平地享有地球，把大自然看成当代人共有的家园，共同地承担起保护它的责任和义务。习近平在第七十届联合国大会一般性辩论时的讲话指出："建设生态文明关乎人类未来。国际社会应该携手同行，共谋全球生态文明建设之路，牢固树立尊重自然、顺应自然、保护自然的意识，坚持走绿色、低碳、循环、可持续发展之路。"

（三）尊重自然

这一伦理理念包括以下几重含义。第一，要真正做到保护自然，就必须尊重自然、顺应自然，即遵循自然规律，如果缺少了这一点，保护自然也就落不到实处，只能成为一句口号。第二，要重视自然价值。生态文明视野中的自然价值观除了承认自然对人的经济价值，更强调它对人的生命养护和精神涵养的重要意义；除了承认自然对人的工具价值，更加强调自然生态的固有价值或内在价值。第三，生态文明建设必须重视对自然资本的投资，原因是投资自然资本是可持续发展的重要内容，既有促进经济增长的直接作用，又有非经济的作用。自然资本投资的收益有以下两个方面：一是在经济社会系统的进口（所谓"源"）的地方，增加自然资本的资源供给能力，包括水、地、能、材等自然资源；二是提高经济社会系统出口（所谓"汇"）的环境调节功能，以及提高作为人类社会背景的生态支持功能和文化愉悦功能。在现实生活中，自然资本的存量越大，经济的安全系数、发展前景就越大。概言之，尊重自然的伦理理念所强调的就是必须充分重视自然生态的"自在性"或"自为性"。自在性是指自然生态的本然状态。重视自然生态的自在性就是要尊重和保护它的自身的存在样态，尽量减少人为因素的侵扰，不从人的主观愿望出发来硬性地塑造自然。自为性是指自然生态系统自身运动发展的节奏和规律。重视自然生态的自为性就是要尊重自然规律，按照自然规律行事。人类只有重视了自然生态的自在性和自为性，自然才能更好、更长久地给人补偿和回报，更加充分地体现出自然生态的"为人性"。

（四）注重公平

生态文明建设所关涉的公平问题主要体现在人们在环境利益和环境责任分配上的公平。一是要体现"代内公平"，即当代人在环境利益和环境责任分配上的公平，这也是建设公平正义社会的重要环节。二是要体现"代际公平"，即当代人与后代人之间在享有自然资源的权利方面应该是平等的、公正的，即当代人不能为了满足自己的欲求而过度占用自然资源，从而影响到子孙后代对自然资源的利用，以至于影响他们的生活。代际公正是基于这样两个前提条件：其一，任何历史时代的人都要通过与自然界之间的物质变换来维持自身的生存，离开了自然界，人类就失去了存在的基础；其二，自然资源是有限的，不是取之不尽用之不竭的，但是通过人类的保护行为和合理地建设利用，人与自然之间的物质变换可以进入一种良性循环的轨道之中，自然界也就可以持续不断地为人类生存发展提供支撑。因此，当代人保护环境，功在当代，利在千秋。以上所述是生态文明建设的中国方案中所蕴含的环境伦理学基础。

三、产业经济学理论

产业经济学以"产业"为研究对象，主要包括产业结构、产业组织、产业发展、产业布局和产业政策等，探讨以工业化为中心的经济发展中产业之间的关系结构、产业内的企业组织结构变化的规律、经济发展中内在的各种均衡问题等。通过研究为国家制定国民经济发展战略，为制定的产业政策提供经济理论依据。产业经济是一种居于宏观经济与微观经济之间的中观经济，是连接宏微观经济的纽带。

产业经济学是以"产业"为研究逻辑起点，主要研究科技进步、劳动力等要素资源流动、空间发展与经济绩效的学科以及产业的动态变动规律。研究经济数据的主要工具有计量经济学工具，主要分析方法有博弈论分析方法、各种力量博弈、均衡与非均衡分析方法，主要思想来源是哲学中的矛盾对立统一思想、辩证法思想，主要模型来源于自然科学模型。社会科学与自然科学在根本联系上是相通的、一致的，都是要构建由微观开始、从中观层次到宏观层次知识体系和逻辑大厦，试图寻求产业的发展规律性。

四、系统理论

系统理论是研究系统的一般模式、结构和规律的学问，它研究各种系统的共同特征，用数学方法定量地描述其功能，寻求并确立适用于一切系统的原理、原则和数学模型，是具有逻辑和数学性质的一门科学。系统理论认为，开放性、自组织性、复杂性，整体性、关联性，等级结构性、动态平衡性、时序性等是所有系统的共同特征。系统理论的核心思想是系统的整体观念。系统理论的创始人贝塔朗菲强调，任何系统都是一个有机的整体，不是各个部分的机械组合或简单相加，系统的整体功能是各要素在孤立状态下所没有的性质。他用亚里士多德的"整体大于部分之和"的名言来说明系统的整体性，反对"要素性能好，整体性能一定好"的以局部说明整体的机械论观点；同时认为，系统中各要素不是孤立存在的，每个要素在系统中都处于一定的位置上，起着特定的作用。要素之间相互关联，构成了一个不可分割的整体。要素是整体中的要素，如果将要素从系统整体中割离出来，它就会失去要素的作用。

系统理论的基本思想方法就是把所研究和处理的对象当作一个系统，分析系统的结构和功能，研究系统、要素、环境三者的相互关系和变动的规律性，并用系统优化的观点看问题。世界上任何事物都可以看成是一个系统，系统是普遍存在的，大至渺茫的宇宙，小至微观的原子，一粒种子、一群蜜蜂、一台机器、一个工厂、一个学生团体都是系统，整个世界就是系统的集合。系统是多种多样的，可以根据不同的原则和情况来划分系统的类型。按人类干预的情况划分就有自然系统、人工系统；按学科领域就可分成自然系统、社会系统和思维系统；按范围划分则有宏观系统、微观系统；按与环境的关系划分就有开放系统、封闭系统、孤立系统；按状态划分就有平衡系统、非平衡系统、近平衡系统、远平衡系统；等等。草原生态文明建设研究正是对复杂的草原生态系统进行研究，将草原生态文明视作一个系统，以系统论为理论指导，研究草原生态文明蕴含的系统规律和特征，从而更准确、更有效地进行建设，真正摆脱工业化带来的草原生态危机。

第二章　草原基本概况及草原生态文明建设的现状评价

　　我国是一个草原资源大国，天然草原面积近 4 亿公顷，分布在内蒙古、青海、新疆和西藏等地，约占国土总面积的 40%，从世界范围来看，我国的草原面积仅次于澳大利亚，居世界第二位，但人均占有草原只有 0.33 公顷，仅为世界平均水平的一半。草原是我国生态安全的重要屏障、食物安全的有力保障、大农业协调发展的坚实基础、传承草原文化的主要母体、民族团结和边疆长治久安的有力保证。草原是中国面积最大的绿色生态屏障，是牧民赖以生存的基本生产资料，也是我国少数民族的主要聚居区。加强草原保护与建设对维护国家生态安全，促进牧区经济发展，提高广大牧民生活水平，保持边疆安定和社会稳定都具有十分重要的意义。

　　20 世纪末，我国政府提出实施西部大开发战略，并把生态建设放到了突出的位置。草原是我国西部地区的主要植被，占西部地区绿色植被总面积的79%。草原保护与建设是国家生态建设的重要内容，在西部大开发战略中具有重要的战略地位。然而，我国草原超载过牧的问题还很严重，乱采、乱挖、乱垦等破坏草原的现象时有发生，草原鼠虫害还未得到彻底防治，草原退化不断加剧。目前，我国 90% 的天然草原都有不同程度的退化，退化的面积每年还在增加。草原生态环境的持续恶化造成沙尘暴、水土流失等危害日益加剧，这不仅制约着草原畜牧业的发展，影响着农牧民的收入，还直接威胁到国家生态安全，甚至影响到整个国民经济的可持续发展。加强草原保护与建设已经到了刻不容缓的地步。

　　根据《中国统计年鉴 2020》，我国分地区草原建设利用情况（2017 年）如表 2-1 所示。全国草原鼠害的治理面积约占危害面积的 26%，内蒙古、四川、西藏、甘肃、青海、新疆分别约为 29%、14%、67%、16%、10%、29%。全国草原虫害的治理面积约占危害面积的 34%，内蒙古、四川、西藏、甘肃、青海、新疆分别约为 3.3%、30%、36%、24%、19%、37%。可以看出，草原治理面积仍需增加，草原生态系统仍有很大的提升空间。

表2-1 分地区草原建设利用情况（2017年）

单位：千公顷

地　区	草原总面积	累计种草保留面积	当年新增种草面积	草原鼠害		草原虫害	
				危害面积	治理面积	危害面积	治理面积
全国	392 832.7	19 036.0	6119.1	28 446.0	7464.7	12 960.0	4382.0
内蒙古	78 804.5	3683.5	1788.2	3934.0	1137.3	4904.0	1650.0
四川	20 380.4	2875.3	610.6	2716.0	384.0	794.7	238.7
西藏	82 051.9	216.2	28.0	3000.0	2006.0	187.3	66.7
甘肃	17 904.2	2559.6	705.9	3440.7	551.3	1226.0	300.0
青海	36 369.7	1425.6	303.9	8226.0	856.7	1092.0	203.3
新疆	57 258.8	1845.5	595.8	5052.7	1455.3	3017.3	1114.0

资料来源：《中国统计年鉴2020》。

　　我国草原生物灾害防治工作卓有成效。2019年，全国草原生物灾害防治工作投入经费2.34亿元，较2015年增加77%。草原鼠害防治面积532万公顷，绿色防治面积468.52万公顷，绿色防治比例达到88.1%，比2016年提高7个百分点；草原虫害防治面积356.1万公顷，绿色防治面积297.8万公顷，绿色防治比例达到83.6%，比2016年提高25个百分点。国家成立了林业和草原局草原蝗虫防治指挥部，组建了专家指导组，起草制定草原蝗灾防控应急预案。组织召开草原生物灾害防控形势会商及工作部署会，科学研判草原生物灾害发生趋势，及时安排部署防控工作。深入重点省区开展督导调研，指导各地加强治蝗物资储备、技术培训和监测防控工作。

　　此外，国家还组织23个省份草原部门开展地面监测和牧户调查等工作。2016—2019年，累计收集非工程样地近2万个，样方数据近5万个，工程效益样方数据近0.4万条，入户调查数据近2.5万条。组织开展草原返青期趋势预测，草原返青期、生长期、枯黄期等物候期动态监测评价和预警。每年发布《全国草原监测报告》，科学评价我国草原生态状况和生产力水平。重构草原调查监测评价体系，初步形成以国家队伍为主导、地方队伍为骨干、市场队伍为补充、高校院所为技术支撑的草原调查监测评价组织体系。研究建立多维度的草原分类、分级、分区体系。推进草原定位观测站等科研平台建设，组织中国林业科学院牵头开展10项草原保护修复关键技术研究。

第一节　我国草原的基本情况分析

草原是我国面积最大的陆地生态系统。我国现有天然草原近 4 亿公顷（其中可利用面积 3.1 亿公顷），占国土面积的 40%，相当于耕地面积的 4 倍、森林面积的 3.6 倍。

草地资源是国土资源的重要组成部分，是自然界中存在的、非人类创造的自然体，它蕴藏着能满足人类生活和生产需要的能量和物质，是陆地生态系统中物质循环和能量流动的重要枢纽之一。草地资源包含草地类型、草地植物、草地动物、草地环境以及草地水资源等基本内容。结合现代国内外对草原生态功能与价值的研究，本节对草地资源的定义如下：草地资源是由多年生的各类草本以及稀疏乔、灌木为主体组成的陆地植被及其环境因素构成的，具有一定的数量、质量、时空结构特征，有生态、生产多种功能，是主要用作生态环境维系和畜牧业生产的一种自然资源。

"十三五"以来，我国草原生态质量明显提高。2019 年，全国草原综合植被盖度达到 56%，较 2015 年提高 2 个百分点。天然草原鲜草总产量突破 11 亿吨，重点天然草原平均牲畜超载率降至 10.1%，较 2015 年下降 3.4 个百分点。草原防风固沙、涵养水源、保持水土、固碳释氧、调节气候、美化环境、维护生物多样性等生态功能得到恢复和增强，局部地区生态环境明显改善，全国草原生态环境持续恶化势头得到有效遏制。

各地深入落实草原承包经营制度，积极推进草原承包经营权确权登记颁证试点，全国累计落实草原承包经营制度面积 2.87 亿公顷。开展基本草原划定，全国共划定基本草原面积近 2.53 亿公顷。实行草原禁牧和草畜平衡制度，全国草原禁牧面积 0.8 亿公顷、草畜平衡面积 1.73 亿公顷。严格草原用途管控，按照《草原征占用审核审批管理办法》，严控建设项目征用占用基本草原。加大草原执法监督力度，依法严厉查处非法开垦草原、征占用草原、滥采乱挖野生植物等违法行为，对违反禁牧和草畜平衡行为进行处罚。2016—2019 年，全国累计查处破坏草原案件 4 万起，向司法机关移送涉嫌犯罪案件 1562 起，有力打击了违法犯罪行为的嚣张气焰。在全国范围内组织开展了"绿卫 2019"森林草原执法专项行动，重点摸排和打击非法开垦草原、非法占用使用草原、非法采集草原野生植物，特别是因矿产开发等工程建设造成草原生态环境严重破坏等各种违法行为，对涉嫌犯罪的违法行为，及时移送司法机关追究刑事责任。专项行动期间，共依法查处各种草原违法案件1025起，其中移送公安机关167起。

"十三五"以来，继续在内蒙古等省份实施退牧还草、退耕还林还草、农牧交错带已垦草原治理工程，到2020年年底已完成退化草原修复治理面积1299.5万公顷。其中，实施围栏封育960.1万公顷、退化草原改良153.7万公顷、人工种草141.1万公顷，治理黑土滩29.7万公顷、石漠化草地14.8万公顷。加强工程顶层设计，优化草原围栏、种草改良等任务布局和任务量，增加了黑土滩、毒害草治理等建设内容；全面提高工程建设标准，工程建设质量显著提高；稳步扩大退牧还草工程范围，将草原面积大于33.3万公顷的27个牧区县全部纳入工程实施范围。对100多个草原生态保护修复工程县的地面监测结果表明，工程区内植被逐步恢复，生态环境明显改善。与非工程区相比，工程区内草原植被盖度平均提高15个百分点，植被高度平均增加48.1%，单位面积鲜草产量平均提高85%，草原生态改善效果十分明显。2019年，在河北等8个省份开展了退化草原人工种草生态修复试点，安排中央资金10.2亿元，落实人工种草修复8万公顷，草种基地0.3万公顷，草原改良4.5万公顷，有害生物防治143万公顷。

一、草地资源的分布与气候特点

中国草地资源主要分布在西北干旱、半干旱的高原、山地和青藏高原地区，南北纵跨31个纬度，东西横跨61个经度，从海拔−100米到8000米，跨东南季风区、西北干旱区和青藏高原区3个气候大区，热带、亚热带、暖温带、中温带、寒温带5个气候热量带。其中西藏草原的面积最大，达820.52万公顷。西藏、内蒙古、新疆、青海、甘肃、四川、宁夏、辽宁、吉林、黑龙江被称为我国草原面积连片分布的十大牧区。草原气候的大陆性由东向西逐渐增加；草原类型的分界线往往与等雨量线的方向大致吻合，年降水量从东南沿海的2000毫米向西逐渐减少至50毫米以下，草原的旱生性也愈加显明。

二、草地资源的类型特点

草地类型是指一定的时间、空间范围内，具有相同自然特征和经济特征的草地单元，它是对草地中不同地境的饲用植物群体，以及这些群体的不同组合的高度抽象和概括。我国草原是欧亚大陆草原的重要组成部分，且类型丰富，不仅拥有热带、亚热带、暖温带、中温带和寒温带的草原植被，还拥有世界上独一无二的高寒草原类型。

根据中国草地资源调查分类原则，我国草原分为 18 个大类，其中高寒草甸类、温性草原类、高寒草原类和温性荒漠类面积最大，四类合计约占全国草原面积的 53.93%。

三、动植物资源

草原拥有非常丰富的动植物资源，其种类组成复杂，生物多样性高。中国草原植物资源数据库依据全国第一次草地普查的植物名录，初步收录 254 科、4000 多属、9700 多种植物，如温带草甸草原每平方米平均有约 20 种植物，多者达 30 种，典型草原 15 种左右，荒漠草原 10 种，高寒草甸则更多，每平方米植物可达 40 种以上。我国许多草地植物都是宝贵的牧草遗传资源，世界著名栽培牧草在我国草原均有野生种和近缘种分布。以内蒙古自治区为例，已搜集到野生植物 2167 种，分属于 133 科、720 属，其中有重要饲用价值的有 900余种，优良牧草 200 余种。多种植物长期共存，一方面充分利用了环境资源，另一方面促进了群落的稳定性。

我国的草原上不仅有优良的牧草，还有很多其他种质丰富、用途多样的植物，初步统计有近 2000 种草地食用植物，主要包括菜蔬植物、蜜源植物、果品植物以及饮料植物；草地药用植物资源达 6000 余种，其中不乏名贵种类，如冬虫夏草等；草地植物也可用于工业原料，如芨芨草、芦苇等纤维植物可用于麻类、编织等生产加工。

草原不仅孕育了种类丰富的野生牧草资源，还供养着种类繁多、遗传性状各异的草食动物，其中放牧家畜是构成草原地区草食动物的主体，此外还有野生草食动物。它们不仅是重要的遗传资源，还是人类开发利用草原的重要物质基础。据不完全统计，我国北方草原地区人工放牧驯养和管理的主要草食家畜遗传资源（含地方品种、培育品种、引入品种）共有 253 个。我国草原区野生动物许多是属于古北界、中亚亚界中的蒙新区、青藏区的动物种类，数量少，种类珍奇，多列为国家重点保护动物，如驼鹿、马鹿、驯鹿、野驴、野马、野骆驼、梅花鹿、兔狲、貂熊、猞猁、麝、雪豹、盘羊、黄羊、青羊、狍子、獐子、黑熊、雪兔和虎等。

第二节　中国四大牧区概况

中国拥有的各类天然草原面积居世界第二位，约占全国土地总面积的40%，是世界上发展畜牧业较早的国家。《中国民族统计年鉴》数据显示，2019年全国共有牧区半牧区县 269 个，占全国县级行政区域单位数的 9.4%。全国牧区半牧区县土地面积 417 万平方千米，占全国国土面积的 43.4%。牧区半牧区县年末总人口 4727.6 万人，占全国人口总数的 3.3%。牧区半牧区县国内（地区）生产总值 19 068.9 亿元，占全国国内生产总值的 1.9%。从区域分布看，我国牧区主要分布在内蒙古高原、青藏高原、黄土高原北部、东北平原西部、祁连山以西、黄河以北的广大西部地区，主要集中在内蒙古、新疆、青海和西藏四省区，这四省区也被称为中国四大牧区。

一、内蒙古草原牧区概况

（一）基本情况

内蒙古自治区的地貌以蒙古高原为主体，具有复杂多样的形态，除东南部，基本是高原，主要由呼伦贝尔高平原、锡林郭勒高平原、巴彦淖尔—阿拉善及鄂尔多斯等高平原组成，平均海拔 1000 米左右。高原四周分布着大兴安岭、阴山、贺兰山等山脉，构成内蒙古高原地貌的脊背。高原西端分布有巴丹吉林、腾格里、乌兰布和、库布其、毛乌素等沙漠，总面积 15 万平方千米。在大兴安岭的东麓、阴山脚下和黄河岸边，有嫩江西岸平原、西辽河平原、土默川平原、河套平原及黄河南岸平原，地势平坦、土质肥沃、光照充足、水源丰富，是内蒙古粮食和经济作物主要产区。在山地与高平原、平原的交接地带，分布着黄土丘陵和石质丘陵，其间杂有低山、谷地和盆地，水土流失较严重。

内蒙古草原牧区的气候以温带大陆性气候为主。总的特点是春季气温骤升，多大风天气；夏季短促而炎热，降水集中；秋季气温剧降，霜冻早来；冬季漫长严寒，多寒潮天气。2021 年全区平均气温为 6.3℃，气温由东向西递增，各地气温在 -3.20 ～ 11.5℃之间。降水量由东北向西南递减，2021 年全区平均降水量 377.8 毫米，各地降水量在 11.6 ～ 825.3 毫米之间。日照充足，光能资源丰富，全年太阳辐射量从东北向西南递增，大部分地区年日照时数大于

2700 小时，其中阿拉善高原西部地区可达 3400 小时以上。全年大风日数平均为 10 ～ 40 天。

内蒙古的草地资源东起大兴安岭，西至居延海，绵延 4000 多千米，是欧亚大陆草原的重要组成部分。全国 11 片草原，内蒙古有 5 片，即呼伦贝尔草原、锡林郭勒草原、科尔沁草原、乌兰察布草原、鄂尔多斯草原。水平分布的地带性天然草原植被从东到西可分为草甸草原（森林草原）、典型草原、荒漠草原、草原化荒漠和荒漠五大类。天然草原面积 8800 万公顷，占全国草原总面积的 22%，占全区土地面积的 74%。目前的土地利用结构仍然以牧草地利用为主，占全区土地总面积的 40.6%，表现出土地利用的原始性。

内蒙古自治区 33 个牧业旗县如表 2-2 所示。

表 2-2　内蒙古自治区 33 个牧业旗县

盟市名称	数量	旗县名称
包头市	1	达尔罕茂明安联合旗
呼伦贝尔市	4	新巴尔虎右旗、新巴尔虎左旗、鄂温克族自治旗、陈巴尔虎旗
兴安盟	1	科尔沁右翼中旗
通辽市	3	科尔沁左翼中旗、科尔沁左翼后旗、扎鲁特旗
赤峰市	5	阿鲁科尔沁旗、巴林右旗、翁牛特旗、巴林左旗、克什克腾旗
锡林郭勒盟	9	锡林浩特市、阿巴嘎旗、苏尼特左旗、苏尼特右旗、正镶白旗、镶黄旗、正蓝旗、东乌珠穆沁旗、西乌珠穆沁旗
乌兰察布市	1	四子王旗
鄂尔多斯市	4	鄂托克前旗、鄂托克旗、杭锦旗、乌审旗
巴彦淖尔市	2	乌拉特中旗、乌拉特后旗
阿拉善盟	3	阿拉善左旗、阿拉善右旗、额济纳旗

内蒙古草原牧区具有独特的草场资源和丰富的矿产资源，包含 5 片重点牧区草原，畜产资源丰富，是欧亚大陆草原的重要组成部分。改革开放以来，特

别是实施西部大开发战略以来，在国家的大力扶持下，在自治区党委政府的领导下，内蒙古的草原生态保护建设工作取得了长足发展，为维护国家的生态安全发挥了重要作用。全区矿产资源丰富，已探明矿种125种，其中已探明稀土资源储量达4350万吨；2021年全区煤炭资源产量居全国第一，查明的煤炭资源储量在4000亿吨以上；全区共有103种矿产的保有资源量居全国前十位，其中有48种矿产的保有资源量居全国前三位，特别是煤炭、铅、锌、银、稀土等21种矿产的保有资源量居全国第一位。

（二）经济社会发展现状

长期以来，内蒙古草原牧区生产经营粗放，经济结构单一，第二和第三产业不发达，基本上还是传统的放牧畜牧业，靠天养畜的状况还没有根本改变。单一的畜牧业结构是阻碍牧区发展商品经济的根源。牧区畜牧业产业化程度低，没有形成畜产品的产业链，畜产品的产量和质量较低，畜产品加工业发展慢等条件制约着牧区综合经济实力的发展。

2021年前三季度，内蒙古自治区农林牧渔业总产值1450.4亿元，增加值803.6亿元，同比增长4.1%，占GDP比重5.5%，对经济增长贡献率为3.3%；全区地区生产总值14 491.5亿元，同比增长7.8%。其中，第一产业增加值784.9亿元，同比增长4.1%；第二产业增加值679.7亿元，同比增长7.5%；第三产业增加值7027.0亿元，同比增长8.4%。

近年来，牧区牧民逐渐改变了过去单纯依靠畜牧业经营的收入模式，国家积极鼓励牧民从事第二、第三产业，努力提高畜产品商品率，增强牧民参与市场的能力，增加非牧收入的比重，推动了牧民收入增长方式向多样化转变。2021年前三季度内蒙古农村牧区常住居民人均可支配收入12 031元，增长11.4%。

经济社会总体发展水平的指标涉及很多，这里以下述六个指标为主，同时结合内蒙古自治区的平均水平与牧业旗县的平均水平进行横向对比，以统筹分析内蒙古牧业旗县经济社会发展水平。这六个考察指标一是人均GDP，二是农林牧渔业总产值，三是农牧民纯收入，四是在岗职工平均工资，五是城乡居民人均储蓄存款余额，六是人均邮电业务量。由表2-3可知，内蒙古牧业各旗县存在经济与社会发展水平失衡问题，主要表现在相关经济与社会指标高低不一，差距较大。比如，对比各旗县人均GDP数据可知，2018年，鄂尔多斯乌审旗的人均GDP为287 174元，是33个旗县中人均GDP最高的；而兴安盟科尔沁右翼中旗人均GDP只有19 450元，为33个旗县中最低的，两者相差14.76倍。

与此同时,2018 年,内蒙古 33 个牧业旗县人均 GDP 均值是 100 279.64 元,农林牧渔业总产值均值是 27.45 亿元,农牧民纯收入的均值是 17 045.45 元。2017 年,内蒙古 33 个牧业旗县在岗职工年平均工资是 69 981.76 元。2019 年,城乡居民人均住户储蓄存款余额的均值是 42 780.37 元。2015 年,人均邮电业务量的均值是 1042.78 元。上述指标值同内蒙古自治区各项指标的均值相比较,牧业旗县的人均 GDP、农牧民人均收入、在岗职工年平均工资三个指标的均值高于内蒙古自治区的平均值,而其他指标则要比内蒙古自治区的平均水平低。这表明,近年来内蒙古牧业旗县的经济取得了较好发展,成为全区新的经济增长点。牧业旗县经济的快速增长并未直接带动其社会文化水平长足发展,存在不同程度的脱节现象。并且,农林牧渔业人均产值、农牧民人均收入同步高于全区平均水平,这也表明其第一产业发展较好,农牧民收入水平在全区享有优势地位。

表 2-3　近年内蒙古牧业旗县经济社会发展水平

旗县名	人均 GDP/元	农林牧渔业总产值 / 亿元	农牧民人均收入 / 元	在岗职工年平均工资 / 元	城乡居民人均储蓄余额 / 元	人均邮电业务量 / 元
阿拉善盟阿拉善右旗	64 020	4.54	20 026	68 605	47 228.34	1392.53
阿拉善盟阿拉善左旗	135 002	16.87	17 327	78 994	140 804.29	3356.74
阿拉善盟额济纳旗	100 780	3.44	21 044	78 334	95 393.35	2461.95
巴彦淖尔市乌拉特后旗	101 573	7.49	15 154	74 144	41 181.60	9.69
巴彦淖尔市乌拉特中旗	63 443	31.69	16 688	76 967	33 909.45	257.86
包头市达尔罕茂明安联合旗	219 187	26.05	13 757	66 263	31 473.43	89.73

旗县名	人均 GDP/元	农林牧渔业总产值/亿元	农牧民人均收入/元	在岗职工年平均工资/元	城乡居民人均储蓄余额/元	人均邮电业务量/元
赤峰市阿鲁科尔沁旗	28 393	34.02	9562	56 880	22 610.95	623.82
赤峰市巴林右旗	29 290	20.85	10 476	64 059	26 633.65	710.37
赤峰市巴林左旗	27 269	40.48	10 181	61 541	24 383.92	555.43
赤峰市克什克腾旗	45 659	32.98	11 270	61 530	26 205.09	185.68
赤峰市翁牛特旗	26 695	75.57	10 408	61 029	20 070.04	390.52
鄂尔多斯市鄂托克旗	278 439	15.74	18 313	60 958	106 031.27	1711.11
鄂尔多斯市鄂托克前旗	188 900	22.57	18 529	68 417	50 560.05	1292.70
鄂尔多斯市杭锦旗	89 821	34.59	18 248	75 805	37 201.54	847.67
鄂尔多斯市乌审旗	287 174	24.44	18 263	75 511	58 628.19	1256.39
呼伦贝尔市陈巴尔虎旗	162 061	19.12	21 908	95 099	33 435.13	1310.07
呼伦贝尔市鄂温克族自治旗	76 352	16.89	22 598	79 017	40 802.66	105.74
呼伦贝尔市新巴尔虎右旗	165 308	17.59	21 596	64 973	32 833.71	1626.60

续 表

旗县名	人均GDP/元	农林牧渔业总产值/亿元	农牧民人均收入/元	在岗职工年平均工资/元	城乡居民人均储蓄余额/元	人均邮电业务量/元
呼伦贝尔市新巴尔虎左旗	48 992	17.83	21 555	69 993	21 554.06	62.54
通辽市科尔沁左翼后旗	50 319	65.90	12 272	56 868	13 510.64	557.60
通辽市科尔沁左翼中旗	32 115	81.29	11 649	57 098	10 550.30	459.44
通辽市扎鲁特旗	44 687	62.74	15 127	63 161	19 690.28	747.63
乌兰察布市四子王旗	23 333	21.05	10 875	74 693	22 775.22	108.62
锡林郭勒盟阿巴嘎旗	144 693	15.75	25 877	86 530	42 410.42	1014.02
锡林郭勒盟东乌珠穆沁旗	80 452	28.08	30 340	68 020	62 996.71	1229.13
锡林郭勒盟苏尼特右旗	69 954	10.86	11 676	72 053	47 076.53	1273.54
锡林郭勒盟苏尼特左旗	152 937	—	15 270	78 986	46 914.71	1155.33
锡林郭勒盟西乌珠穆沁旗	147 771	26.86	25 934	70 300	43 473.00	945.20
锡林郭勒盟锡林浩特市	86 384	—	45 374	70 468	105 910.50	5391.77
锡林郭勒盟镶黄旗	172 054	6.98	14 507	78 755	31 726.91	1120.93

续 表

旗县名	人均GDP/元	农林牧渔业总产值/亿元	农牧民人均收入/元	在岗职工年平均工资/元	城乡居民人均储蓄余额/元	人均邮电业务量/元
锡林郭勒盟正蓝旗	81 545	13.93	5811	71 814	36 038.68	852.47
锡林郭勒盟正镶白旗	65 176	—	11 185	73 105	24 320.44	647.51
兴安盟科尔沁右翼中旗	19 450	—	9700	49 398	13 417.03	661.48
均值	100 279.64	27.45	17 045.45	69 981.76	42 780.37	1042.78
内蒙古自治区均值	63 772	—	13 803	67 688	53 561	1640.19

注：人均GDP、农林牧渔业总产值、农牧民人均收入三项指标来自《中国民族统计年鉴2019》，为2018年的数据；在岗职工年平均工资数据来自《内蒙古统计年鉴2018》，为2017年的数据；人均住户储蓄存款余额数据来自《中国县域统计年鉴2020》，为2019年的数据；邮电业务量数据来自《内蒙古年鉴2016》，为2015年的数据。

（三）基础设施建设现状

牧区基础设施建设方面，由于牧区自然条件差，畜牧业基础建设成本高，畜牧业基础建设总体规模比较小，特别是地区间发展不平衡，目前远远不能满足畜牧业生产发展的需要。

"十二五"规划以来，全区不断加大对畜牧业防灾基地建设项目、牧区开发示范工程项目、国家京津风沙源治理、退牧还草生态建设工程等基础设施建设项目的投资，牧区畜棚畜圈、人畜饮水设施、饲草料储备设施、牲畜防疫条件和牧业机械化程度等方面都得到改善和提高，特别是棚圈建设得到高度重视，为春季休牧、禁牧舍饲、牲畜改良创造了良好条件，也为牧区提高抗御自然灾害的能力提供了有力保障。

（四）畜牧业发展现状

（1）畜牧业综合生产能力显著增加。"十二五"规划以来，全区畜牧业工作在自治区党委、政府的正确领导下，紧紧围绕"畜产品增产、农牧民增收、草原增绿"的发展目标，充分发挥农牧结合的双重优势，以改革开放和科技创新为动力，按照自治区"8337"发展思路①的总要求，深入贯彻落实科学发展观和十八大精神，以加快转变畜牧业发展方式为主线，继续推进现代畜牧业持续健康发展。畜牧业生产规模不断扩大，综合生产能力稳步提高。近年来，内蒙古在"稳羊增牛"政策引导下，肉牛饲养量保持增加，肉羊生产持续发展，肉牛、肉羊养殖效益凸显，产能不断提高，牛羊存栏持续增长。截至 2021 年 9 月底，全区牛存栏 770.5 万头，同比增长 10.7%，其中，肉牛存栏 619.5 万头，同比增长 9.2%；羊存栏 6400.1 万只，同比增长 1.4%。2021 年前三季度，全区牛肉产量 38.3 万吨，同比增长 0.4%；羊肉产量 71.4 万吨，同比增长 0.5%。自治区大力推进《内蒙古自治区人民政府办公厅关于推进奶业振兴的实施意见》等政策的落实，进一步加强奶源基地建设，积极发展奶牛家庭牧场，培育壮大奶农合作社，推动全区奶业规模不断壮大，奶牛存栏和牛奶产量恢复性增长。2021 年前三季度，全区奶牛存栏 147.6 万头，同比增长 17.8%，增幅较上半年提高 8.8 个百分点；牛奶产量 388.1 万吨，增长 19.0%，增幅较上半年提高 12.1 个百分点。

（2）畜牧业生产方式发生了根本性的改变。牧区以合作社、联户经营等形式积极推进规模养殖，加强基础设施建设，提高良种化程度，加快畜群周转，突出提质增效，生产发展方式取得积极进展，一批各具特色和不同组织形式的生态家庭牧场在牧区形成和发展。截至 2019 年，全区认定农牧民合作社 8.2 万家、家庭农牧场 1.3 万个，实现了乡村全覆盖，带动了几十万农牧户增产增收。牧区生态家庭牧场这一经营形式有效地提高了养殖规模化程度，实现了畜牧业发展与草原保护的统一；加快了畜群周转，实现了经营方式转变和增产增效的

---

① "8337"发展思路："八个建成""三个着力""三个更加注重""七个重点工作"。"八个建成"：要把内蒙古建成保障首都、服务华北、面向全国的清洁能源输出基地；要把内蒙古建成全国重要的现代煤化工生产示范基地；要把内蒙古建成有色金属生产加工和现代装备制造等新型产业基地；要把内蒙古建成绿色农畜产品生产加工输出基地；要把内蒙古建成体现草原文化独具北疆特色的旅游观光休闲度假基地；要把内蒙古建成我国北方重要的生态安全屏障；要把内蒙古建成祖国北疆安全稳定屏障；要把内蒙古建成我国向北开放的重要桥头堡和充满活力的沿边开放带。"三个着力"：着力调整产业结构；着力壮大县域经济；着力发展非公有制经济。"三个更加注重"：更加注重民生改善和社会管理；更加注重生态建设和环境保护；更加注重改革开放和创新驱动。"七个重点工作"：要全力推动经济持续健康发展；提高经济增长的质量和效益；做好"三农三牧"工作；推进城镇化和城乡发展一体化；改善民生和社会管理创新；深化改革开放和推动科技进步；提高党的建设科学化水平。

统一；提高了防灾能力，实现了节本增效；实现了分工协作，促进了牧区人口转移、产业升级，多渠道增加农牧民收入。

（3）优势畜产品生产基地建设成效显著。牧区立足优势，按照大力发展特色、绿色、生态畜牧业的战略要求，积极调整优化生产布局，促进优势畜产品逐步向优势产区集中，畜产品生产区域布局日趋合理，一批优势畜产品产业带初步形成。以呼和浩特市、包头市、呼伦贝尔市为重点的奶业生产基地，以通辽市、赤峰市为重点的肉牛、猪禽生产基地，以呼伦贝尔市、兴安盟、通辽市、赤峰市、锡林郭勒盟、乌兰察布市、鄂尔多斯市、巴彦淖尔市为重点的肉羊、细羊毛生产基地，以兴安盟、通辽市、赤峰市、锡林郭勒盟、鄂尔多斯市、巴彦淖尔市、阿拉善盟为重点的羊绒生产基地各具特色，发展势头良好。2019 年，牛肉产量 63.8 万吨，增长 3.9%；羊肉产量 109.8 万吨，增长 3.3%；禽肉产量 20.7 万吨，增长 5.2%；禽蛋产量 58.1 万吨，增长 5.3%；牛奶产量 577.2 万吨，增长 2.1%。同时，内蒙古年产山羊原绒近 7000 吨，约占全国羊绒产量的 50%、世界羊绒产量的 40%。

（4）畜牧业产业化格局已经成形。内蒙古以畜产品为原料的加工制品在国内外具有较强竞争力，奶制品、无毛绒、羊绒制品、牛羊肉、活羊、地毯等产品畅销国内外。以畜产品为原料的加工制品种类达 26 种，全区已形成一大批畜产品加工知名企业与品牌，畜牧业产业化走在了全国前列。内蒙古牛奶加工产业规模居全国第一，2019 年，内蒙古全区销售收入 500 万元以上乳品加工企业达到 89 个，实现销售收入 1632.6 亿元，内蒙古乳业成为超千亿级产业，现代奶业建设迈出了坚实步伐。内蒙古全区牛奶产量由 2017 年的 542.8 万吨增长到 2019 年年底的 577.2 万吨，连续 3 年大幅增长，成为全国牛奶产量唯一超 500 万吨的省份；规模以上乳制品加工企业销售收入 934.7 亿元，占全区农畜产品加工业总销售收入的 48.1%。2021 年，伊利、蒙牛跃居中国奶业前三强，全球乳业排名第五位和第九位，全国每消费 5 杯牛奶，就至少有 1 杯来自内蒙古。

（五）生态保护建设情况

（1）牧区和半牧区旗县草原面积、退化草原面积、草原鼠虫害面积情况。由于气候因素与人类活动的长期交叉影响，内蒙古牧区草原生态环境呈现进一步沙化退化的趋势。

内蒙古草原牧区草原鼠虫灾害是草原最为严重的自然灾害之一。2015 年，全区草原鼠害危害面积 431.9 万公顷，较上年减少 133 万公顷；草原虫害危害面积 443.6 万公顷，较上年减少 107.6 万公顷。草原鼠害整体上有所减轻，虫害主要以点片状发生，没有形成大面积集中连片暴发，总体处在可防可控范围内。

（2）牧区和半牧区水资源量。内蒙古牧区牧业和半牧业旗县水资源总量为 273.41 亿立方米，占全区水资源总量的 50.08%，其中牧业旗县水资源总量为 139.19 亿立方米，半牧业旗县水资源总量为 134.22 亿立方米。牧业旗县人均资源量 2853.19 立方米，半牧业旗县人均资源量 1911.78 立方米；牧区地均资源量 1.69 米^3/ 千米^2，半牧区地均资源量 8.66 万米^3/ 千米^2。牧区人均水资源较半牧区水资源多，但地均水资源半牧区较牧区丰富。

随着草原保护与建设工作的持续开展，2016 年以来，内蒙古草原平均植被盖度持续稳定在 44%，比 2012 年提高 4 个百分点，比 2010 年的 37.1% 提高近 7 个百分点；2020 年，草原平均植被盖度达到了 45%，草原生态退化趋势得到整体遏制。

2019 年，内蒙古 0.2 亿公顷天然林资源保护实现了"全覆盖"，落实国家级公益林补偿面积 1020 万公顷。草原禁牧面积 2693 万公顷，草畜平衡面积 4107 万公顷，森林草原生态功能得到了有效恢复和提升。

内蒙古全面落实草原生态保护补助奖励政策，将草原补奖资金兑现与农牧民禁牧、执行草畜平衡制度等履行职责情况相挂钩，合理划分禁牧区和草畜平衡区，明确规定 5 年为一个禁牧周期，草畜平衡区不得超载放牧。

京津风沙源治理、退牧还草、退耕还林还草和草原生态保护修复工程基本实现了草原牧区全覆盖，党的十八大以来，全区累计完成草原重点生态工程建设 380 多万公顷。以人工种草为主的草原建设由单一分散向集中连片、混种发展；由单种牧草向草灌结合、草林结合发展。"十三五"期间，全区年均人工种草 193 万公顷，建设规模居全国之首。通过几大工程项目建设，内蒙古草原生态环境得到显著改善。

内蒙古创造性地推行"草畜双承包"和草原"双权一制"体系，把人、畜、草、责、权、利统一协调起来，使草原生态发展得到了进一步保护。到 2020 年，全区共落实草原所有权面积 0.69 亿公顷，占 2010 年草原普查面积的 90% 以上；划定基本草原 0.59 亿公顷，占全区草原面积的 78%。另外，落实草原承包经营权面积 0.65 亿公顷；共涉及农牧户 257 万户，涉及农牧民 729 万人。

内蒙古自治区还利用大数据技术率先推进了草原资源监测和生态评估工作，充分实现了动态、准确、全覆盖监测，可实时掌握草原生态状况。《内蒙古自治区"十四五"林业和草原保护发展规划》明确提出，到 2025 年，草原综合植被盖度要稳定在 45%。

二、新疆草原牧区概况

（一）基本情况

新疆草原牧区地形地貌特征可以概括为"三山夹两盆"，山脉与盆地相间排列，盆地被高山环抱。北为阿尔泰山，南为昆仑山，天山横亘中部，以天山山脊线为界，将新疆分为南疆和北疆。在昆仑山、天山、阿尔泰山三大山系中间有两大盆地，南部是塔里木盆地，北部是准噶尔盆地。盆地中央分别是塔克拉玛干沙漠和古尔班通古特两大沙漠，其中塔克拉玛干沙漠是中国最大的沙漠、世界第二大流动沙漠。

新疆草原牧区属温带大陆性干旱和半干旱气候区，主要特点是气温变化剧烈而且干燥少雨，南北疆气温差异大。北疆 1 月均温为 -20℃以下，极端最低气温出现在富蕴县的可可托海，该地气温曾达到 -51.5℃，7 月均温为 20℃以上，极端最高气温出现在吐鲁番盆地，该地气温曾达到 49.6℃；南疆 1 月均温为 -10℃，极端最低气温为 -25℃，7 月均温为 25℃，极端最高气温为 40℃。平均年降水量约 150 毫米，以天山为界，北疆地区为 200 ～ 300 毫米，南疆地区为 20 ～ 100 毫米；年平均蒸发量，北疆地区为 1500 ～ 2300 毫米，南疆地区为 2000 ～ 4000 毫米；无霜期较长，北疆地区为 140 ～ 200 天，南疆地区为 180 ～ 230 天；全年日照时数 2600 ～ 3400 小时，积温 3000 ～ 4000℃。

新疆有全国 18 种草地资源类型中的 11 种类型，拥有多种世界公认的优良牧草，且草地质量较好，中等质量以上草地面积占全疆草地总面积的 65% 左右，优良草地占可利用草地的 38.4%。草地总面积占全区土地总面积的 34.4%，占全国草地面积的 14.6%。

受干旱影响，2020 年春全国大部草原区生态气象条件差于上年同期，尤其新疆北部、西北地区东部、内蒙古中西部等地明显偏差。草原区生态气象条件偏差也导致牧草长势不如上年同期，其中西藏东北部、青海中部等地牧草产量比上年同期减少 10% ～ 30%，新疆北部大部地区减少 30% ～ 50%。但西藏西部、新疆西南部、内蒙古东南部等地牧草长势偏好，部分草原产草量较上年同期增加 10% ～ 30%。2020 年，阿克苏地区天然草原牧草鲜草总产量达 798.15 万吨，较"十二五"末年增加 86.60 万吨，理论载畜量 321.83 万只绵羊单位，较"十二五"末增加 93.39 万只绵羊单位。

新疆牧区有牧业县 22 个，即阿勒泰、布尔津、吉木乃、哈巴河、富蕴、福海、青河、新源、昭苏、特克斯、尼勒克、温泉、托里、和布克赛尔、裕民、阿合奇、乌恰、塔什库尔干、和静、伊吾、木垒、民丰。半农半牧县 15 个，即巩留、博乐、精河、塔城、额敏、阿克陶、尉犁、和硕、且末、温宿、沙雅、巴里坤、哈密、奇台、乌鲁木齐。牧区总面积 64.95 万平方千米，占全疆总面积的 39.1%；人口 447.44 万人，占全疆总人口的 23.85%；可利用天然草地面积为 31.67 万平方千米，占全疆草地面积的 65.9%；耕地 8935 平方千米，占全疆耕地面积的 25.98%；牲畜年末头数 1976.49 万头，占全疆的 39.32%。新疆边境线长达 5400 千米，大部分都在牧区，33 个边境县中有 17 个牧业县。

新疆是全国四大牧区之一，自古为名马产地，家畜以绵羊为主，羊肉的产量居全国第二位，还有驴、骡、骆驼、褐牛、牦牛等，牲畜总头数超过 5000 万只。新疆天然草地总面积 57 万平方千米，占农林牧用地总面积的 87%。天然草地资源是新疆发展畜牧业最基本和最主要的生产资料。天然草地担负着全疆 70% 的牲畜饲养量和畜产品产量。

新疆是中国畜牧业新品种培育基地，现有新疆细毛羊、中国美利奴羊、新疆羔皮羊、新疆褐牛、伊犁马、伊犁白猪、新疆黑猪等自行培育的新品种。这些培育品种各有其独特的生物学特性和较高的经济价值，不仅是新疆还是中国宝贵的畜牧业资源和重要的基因库。

1981 年，中央政府决定恢复新疆生产建设兵团建制，名称改为"新疆生产建设兵团"，新疆牧区开始实行大包干责任制，经历了由"牲畜包群到户，成畜保本，仔畜和畜产品分成""分畜到户，成畜保本，保证净增，集体提留，费用自理，畜产品归己""牲畜折价承包到户，现金提留"等形式的责任制到普遍采取"牲畜折价归户，草场随牲畜承包到户，由承包户使用、管理、建设"的"双包"（即牲畜折价归户、草场随牲畜承包到户）责任制。改革开放和西部大开发以来，新疆牧区社会经济持续健康发展，各族农牧民收入稳步提高，思想观念和生活方式也发生了重大转变。但是，由于牧区地域辽阔，土地条件差，牧民居住分散，点多线长，基础设施建设难度大、成本高、投入少，牧区道路、电力、通信等成为制约牧区可持续发展的突出问题。

（二）发展现状分析

（1）政策实施效果显著。政策扶持对畜牧业发展的助推十分明显。"十三五"期间，北京市共实施产业援疆项目 108 个，投入资金 25 亿余元，招商引资企业 162 家，吸纳就业 2.8 万人。2021 年，新疆立足新发展阶段、完整准确全面贯彻新发展理念、服务和融入新发展格局，统筹疫情防控和经济社会发展、统筹发展和安全，经济保持平稳增长，经济实力进一步增强，就业形势保持稳定，人民生活持续改善，主要指标超额完成目标任务，实现了"十四五"良好开局。2021年，新疆生产总值达到1.59万亿元，总量比上年增加16%，居全国第23位，比上年前进1位，居西北五省第2位。民生方面，2021年新疆经济持续恢复，就业形势不断向好，企业效益改善，基本民生保障有力有效，促进居民收入增长好于预期，全体城镇和农村居民人均可支配收入分别比上年增长9.4%、8.0%和10.8%，收入增速分别位列全国31个省（市、区）的第11位、第15位和第6位，较上年位次明显提升。呈现出居民收入增长与经济增长同步、城乡居民收入差距继续缩小的良好态势。

"十三五"期间，新疆形成了北疆170万头新疆褐牛、1000万头有机肉羊、南疆150万头西门塔尔牛生产基地，家禽、驴、兔等牧业特色鲜明，马产业和一、二、三产业融合发展的畜牧业格局。主要生长于伊犁河谷一带的新疆褐牛，个头大、产肉量多，是独具新疆特色的肉奶兼用牛。2020年，新疆启动实施《新疆褐牛联合育种群体改良提升行动计划》，加快新疆褐牛品种选育提升，按此计划，到2025年新疆将自主培育1~2个褐牛新品种（品系）和配套系，每个品系育种群达到1500头（只）以上，形成由核心群、育种群、商品群组成的完整育种和生产体系。与此计划同步开展的还有《农区高效肉羊品种选育推广计划》等4个牛羊种业提升计划——新疆此举旨在构建饲料、种源、扩繁、养殖、屠宰、加工的全产业链，实现畜牧业振兴。

（2）相关法律法规建设较快。畜牧业法律法规对牧区的经济发展起到了保障作用。随着《中华人民共和国草原法》的深入贯彻以及草原有偿使用制度的落实，牧民依法保护自己合法权益的意识逐步提高，责任感明显增强，非法乱开草场和在草原上滥挖药材、破坏草原的现象得到有效遏制。《中华人民共和国畜牧法》颁布实施以来，畜禽良种繁育、地方资源保护和标准化生产得到了社会各界广泛关注。《中华人民共和国动物防疫法》的颁布实施促进了依法防疫工作的开展。

（3）自然条件优越，草场资源丰富。新疆是我国四大牧区之一，草场广阔，而且草场并不像耕地一样需要大量的投入，草场的特点是只要对它进行合理的利用，便可使其可持续发展。新疆牧区业主要以草地畜牧业为主，全国18个草地类型，新疆有其中11种。新疆天然野生牧草种类繁多，有3270种（包括亚种和变种）种，其中数量多、质量高的种类占11%以上。新疆牧区产品在全国同类产品中占据重要地位，原因是新疆牧区位于边疆，受污染程度小，产品质量好；且新疆已经利用自身独特的优势创立了很多特色品牌，特别是羊肉和绵羊毛，日益为广大消费者所喜爱。2021年，全年猪牛羊禽肉产量183.08万吨，比上年增长16.1%。其中，羊肉产量60.44万吨，增长6.1%；牛肉产量48.50万吨，增长10.3%；猪肉产量49.85万吨，增长32.9%；禽肉产量24.29万吨，增长26.7%。禽蛋产量40.98万吨，增长2.1%。牛奶产量211.53万吨，增长5.7%。年末牛羊猪存栏5621.97万头，比上年末增长10.8%；牛羊猪出栏4502.11万头，增长5.2%。

三、青海草原牧区概况

（一）基本情况

青海省北屏阿尔金山和祁连山，南有唐古拉山，中贯昆仑山系，山脉绵亘，峰峦重叠，这些不同走向的山脉在境内伸展，构成了青海高原地貌的骨架。青海省地势总体呈西高东低、南北高中部低的态势。全省总面积72万平方千米，平均海拔3000米以上，省内海拔高度3000米以下地区面积为11.1万平方千米，占全省总面积的15.9%。按照地形结构特征和海拔高度可将青海分为祁连山地、柴达木盆地、青南高原三大区域。概括地讲，青海是面积大省、资源富省、人口小省和经济弱省。

青海牧区气候属典型高原大陆性气候，干燥，多风，缺氧，寒冷，地区间差异大，垂直变化明显。青海省境内各地区年均气温为-5.1～9.0℃，其中占全省面积2/3以上的祁连山区、青南高原年均气温0℃以下，东部湟水、黄河谷地年均气温为6～9℃。全省年降水量总的分布趋势是由东南向西北逐渐减少，绝大部分地区年降水量在400毫米以下，东南部的久治降水最多，平均年降水量达到745毫米；西北部的冷湖降水最少，少于50毫米。青海地处中纬度地带，太阳辐射强度大，光照时间长，全年日照时数2336～3341小时。

据青海第三次全国国土调查（以下简称"三调"）数据公报，截至2019年12月31日，青海省主要地类数据如下。耕地面积56.42万公顷，其中水浇地17.71万公顷，占31.39%；旱地38.71万公顷，占68.61%。林地面积460.36万公顷，其中乔木林地67.45万公顷，占14.65%；灌木林地369.40万公顷，占80.24%；其他林地23.51万公顷，占5.11%。草地面积3947.08万公顷，其中天然牧草地3666.39万公顷，占92.89%；人工牧草地8.91万公顷，占0.23%；其他草地271.78万公顷，占6.88%。湿地面积510.12万公顷，其中沼泽草地

396.57 万公顷，占 77.74%；内陆滩涂 104.13 万公顷，占 20.41%；沼泽地 9.42 万公顷，占 1.85%。另外，种植园用地面积 6.23 万公顷；城镇村及工矿用地面积 36.78 万公顷；风景名胜及特殊用地 0.80 万公顷；交通运输用地面积 14.05 万公顷；水域及水利设施用地面积 244.66 万公顷。

从"三调"数据成果可知，青海省耕地保有量目标控制在国家下达的 55.40 万公顷之上，比 2009 年第二次全国国土调查（以下简称"二调"）耕地面积净减少 2.39 万公顷，湿地面积居全国前列；林地面积比"二调"林地面积增加 105.87 万公顷，增加的主要原因是退耕还林、植树造林及生态环境改善；草地比"二调"草地面积增加 130.73 万公顷。

（二）发展现状分析

（1）加强生态畜牧业建设，同步推进牧区畜牧业。青海坚持整体推进，综合施策，率先在全国推进草原生态畜牧业建设。在牧区六州全面推进合作社能力提升、高效养殖技术推广、大学生村官领办合作社等工作，从体制机制上闯出了一条符合青海省实际的草原畜牧业发展的新路子。截至 2018 年 10 月，青海省生态畜牧业合作社数量达到 961 个，实现了牧区和半农半牧区全覆盖，牧户入社率达到 72.5%，牲畜整合率达到 67.8%，草场整合率达到 66.9%，并培育了海西梅陇和哈西娃、黄南拉格日、果洛岗龙等一大批发展典型。2021 年，青海省人民政府办公厅印发《关于促进高原特色畜牧业高质量发展的实施意见》，结合青海省实际，提出了各项指标要求，明确了青海省现代畜禽养殖、动物防疫和加工流通的产业发展的"三大体系"方面重点工作，强力推进青海省高原特色畜牧业高质量发展。

（2）加强草地生态保护，加快发展饲草料产业。目前，青海草原生态保护机制日趋完善。"十三五"期间，青海共建成草原封育围栏 22.0 万公顷，补播改良 6.1 万公顷，治理黑土滩型退化草地 53.2 万公顷，治理沙化型退化草地 5.5 万公顷，建设人工草地 9.0 万公顷，全省草原综合植被盖度达到 57.4%，草原植被盖度保持稳定及趋于好转的草原面积达到 87%。青海省人民政府办公厅出台了《关于加快推进饲草料产业发展的指导意见》等文件，加大力度支持饲草产业发展，扩大牧草良种繁育、人工饲草料基地建设规模，完善基础设施建设，提高饲草料加工水平，推进农牧结合、草畜联动、循环发展，探索建立了"公司＋合作社＋基地＋农牧户"等多种草业发展模式，优化重组饲草料生产加工龙头企业，建立和完善饲草料生产、加工、贮备体系和抗灾保畜保障机制，有力地促进了饲草产业发展。到 2019 年底，全省牧草良种繁育基地建设面积达 1.23 万公顷，人工草地建设面积达 51.93 万公顷，分别比 2010 年增加 0.6 万公顷、20.93 万公顷，年产鲜草 424.6 万吨，培育饲料加工企业 50 家，年生产饲料 46.6 万吨，培育饲草加工企业 13 家，年加工饲草 15 万吨。建成青贮窖 133.85 万立方米，青贮饲料 44.25 万吨，加工利用农作物秸秆 70.7 万吨，秸秆利用率提高到 50% 以上。

草原是青海省面积最大的生态系统，是青藏高原乃至全国重要的生态屏障。近年来，青海省加大草原生态保护修复力度，先后实施了一系列重大生态工程，共修复退化草原 120 万公顷。经过多年努力，青海省草原生态环境持续好转，出现稳中向好趋势。

在草原综合植被盖度得到提高恢复的利好态势下，青海省畜牧业生产也呈现出"稳中有进"的良好态势。截至 2020 年年底，尽管受到了新冠疫情影响，各项指数依然有小幅增长，牛存栏 652.33 万头，同比增长 31.9%，出栏 188.97 万头，同比增长 27.6%；羊存栏 1343.55 万只，同比增长 1.3%，出栏 773.66 万只，同比降低 3.8%；生猪产能持续恢复，猪存栏 72.07 万头，同比增长 108.0%，出栏 44.94 万头，同比降低 54.5%。此外，全省各级农业农村部门加大绿色发展投入，多措并举，紧紧围绕党中央、国务院提出的"打造绿色有机农畜产品输出地"的要求，以部省共建绿色有机农畜产品示范省为载体，农业农村部、青海省人民政府联合印发《共同打造青海省绿色有机农畜产品输出地行动方案》，达成了部省共建共识。2019 年以来，全省省级财政共安排资金 8.46 亿元，全力推进"两减"行动试点工作，其中 2019 年完成试点面积 7.6 万公顷，实现全省化肥、化学农药使用量分别减少 24.4% 和 21.3%。2020 年，青海在 8 个市州 29 个县（市、区）及 7 个国有农牧场完成化肥农药减量增效试点 20 万公顷，全省化肥农药用量比行动实施前分别减少 40% 和 30% 以上，完成 20 万公顷化肥农药减量增效行动；全省 30 个牧业（半农半牧）县实施了牦牛藏羊原产地可追溯工程，全省 42 415 个养殖户、合作社和牧场的 300 余万头（只）牦牛、藏羊实现了可追溯；全省获证绿色食品、有机农产品和地理标志农产品 805 个，认证有机牦牛、藏羊 445 万头（只）。2020 年，中央财政新增安排青海省生态护林员补助资金 2104 万元，年度资金规模达到 2.4 亿元。

青海省根据本省草原资源现状、草原生态状态以及草原退化情况等，提出到 2025 年全省草原保护修复制度体系基本建立，林长制全面推行，重点功能区退化草原得到治理，草原总体退化趋势得到基本遏制，草原生态综合服务功能持续增强，综合植被盖度达到 58.5% 左右；到 2035 年全省草原保护修复制度体系健全，管理水平不断提高，利用更加科学合理，退化草原得到有效修复，草原生态环境持续向好，综合服务功能显著提升，综合植被盖度将稳定在60% 左右。

（3）强化良种良法融合，着力提升农牧业综合生产能力。农业方面，2019年，青海良种推广稳步推进，大力实施农作物种子工程，种子田每年稳定在3.3 万公顷以上，年生产农作物种子 2.7 亿千克，良种覆盖率达到 98%。计划到2025 年，全省农作物良种覆盖率、畜禽良种化率分别达到 98% 和 85%。

农业方面，2020 年，青海省粮食种植面积、产量实现"两增"，播种各类农作物 56.8 万公顷，较 2019 年增加 1.1 万公顷；青稞抗旱耐寒柴青 1 号、昆仑号和北青号等高产优质品种选育成功，除满足省内生产用种需求外，青海每年还向甘肃、新疆、西藏、四川等省区推广优质青稞良种，为稳定藏区农业生产发挥了重要作用。畜牧业方面，青海省是全国最大的牦牛主产区，牦牛存栏占世界牦牛总数的 1/3，占全国的 38%，有"世界牦牛之都"的美称。截至2020 年年底，青海存栏牦牛 608 万头，年出栏约 170 万头，年产牦牛肉近 17万吨，通过有机认证的牦牛超过 120 万头，青海成为全国最大的有机牦牛生产基地。渔业现代化走在了前沿，冷水鱼良种覆盖率 100%。全省集成组装全膜覆盖、测土配方施肥、高产创建、机械化深松等适用技术，实现了由单一技术突破向多技术、多因素集成创新推广的转变。全膜覆盖栽培技术辐射到全部浅山地区。

"十三五"期间，青海省紧紧围绕畜牧业供给侧改革这一重点，大力推进种草养畜、以畜带草的供需平衡试点，提升有效供给能力，在东部黄河、湟水流域水热条件较好的农业区初步形成了以种植玉米、加工青贮及专业配送为主的产业模式；在湟中、湟源、互助、大通等农牧交错区和东部浅山地区初步形成了养殖小区和种植大户流转周围闲置土地，种植饲用玉米、燕麦和黑麦，进行加工储藏，自产自用饲草的家庭牧场模式。同时，各州牧区适种地区通过土地流转推行种植燕麦、黑麦等饲草，利用打捆机械打草成捆，销售给规模养殖场和养殖大户的专业模式，使广大群众尝到了种养结合发展循环畜牧业的甜头，草畜互动发展步伐明显加快，"牧草（粮食）生产—饲草加工—牲畜养殖—畜粪处理与有机肥生产—牧草（粮食）生产"的草畜联动高效循环畜牧业发展模式基本成形并得以推广应用。

加快发展农牧业生态循环经济、提升农牧业综合生产能力是推进青海省农牧业供给侧结构性改革、保障食品安全与生态文明建设的必然选择，更为走上具有高原特色、符合青海实际的农牧业现代化发展之路提供了有力支撑。青海具有绝佳的农牧结合、草畜结合的天然条件和种养循环的良好传统，特别是高原特色生态畜牧业作为青海优势产业和民生产业在绿色有机示范省建设中的分量重、引导作用大，种好草养好牛已成为青海省特色畜牧业发展的基本共识，只有草料丰足、科学饲喂、畜禽废弃物合理利用，才能使牛羊肥壮、生态平衡。

（4）加强游牧民定居工程建设，扎实推进牧区新能源建设。"十四五"时期是我国开启全面建设社会主义现代化国家新征程、向第二个百年奋斗目标进军的第一个五年，是谱写美丽中国建设新篇章、实现生态文明建设新进步的五年，青海省要积极探索符合农牧区实际、低成本、易维护、高效率的典型区域农村生活污水治理技术和模式，推动农村生活污水就近就地资源化利用。三江源地区以移民搬迁定居点、城乡接合部等为重点，推进牧区污水治理。强化农村生活污水处理设施监管，严禁重点生态功能区、饮用水水源保护区农牧区生活污水未经处理直接排放。计划到2025年年底，完成400个建制村生活污水治理任务，生活污水乱排乱放得到管控；水、电、路、卫生、电信等各项基础设施得到了改善，文化、教育、医疗、卫生、信息化和广播电视村村通等公共服务事业全面发展。近年来，青海省实施了"党政军企共建""美丽乡村"等工程，农村人居环境整治力度加大，许多村庄清理了乱堆乱放，配上了垃圾桶，修建了文化广场，改造了危房，不仅使"水电路房"改造成为新农村建设的标准模式，还推动了农牧产业发展。未来更要转变用能方式，建立清洁、经济型农牧区用能体系，大力推广农村可再生能源，提高农村牧区群众生活环境和质量。

四、西藏草原牧区概况

（一）基本情况

西藏自治区地势高峻，位于青藏高原的主体，平均海拔4000米以上，境内高山耸立，总体地势由西北向东南倾斜，南有喜马拉雅山，中有冈底斯—念青唐古拉山脉，北有唐古拉山和昆仑山。按照地形地貌结构、气候及水资源，西藏全区可分极高山、高山、中山、低山、丘陵和平原6种类型和喜马拉雅高山地区、藏南山原湖盆谷地区、藏北高原湖盆区、藏东高山峡谷区4个区域。

西藏气候独特且复杂多样，区域间差异很大，气候自东南向西北依次有热带、亚热带、高原温带、高原亚寒带、高原寒带等多种类型。气温较低且年变化小，昼夜温差大，藏北高原年平均温度在 0℃ 以下，藏南谷地年平均温度为 8℃ 左右，藏东南地区年平均温度为 10℃ 左右。降水量由东南的 5000 毫米逐渐向西北递减到 50 毫米，降水量最高的地区是喜马拉雅山南翼外缘低山地区，降水量最低的是北羌塘高原寒带地区。无霜期 120 ～ 140 天，藏北无明显无霜期。全年平均日照时数为 1500 ～ 3400 小时。

西藏畜牧业独具特色，源远流长，是我国传统的五大牧区之一。在海拔 4000 ～ 5000 米的高原，蓝天与绿草相映，牛羊与流水齐鸣，千百年来藏民经济生活的基础就仰仗畜牧业。在西藏可以说没有纯农区，但一定有纯牧区。西藏的畜牧业经济无论从经济结构中的比重、出口创汇的份额看，还是对发展轻工业及提高人民生活水平的作用看，都有其不可替代的战略地位。

"十三五"时期，西藏通过实施天然林保护、退耕还林、防沙治沙等林业重点工程，共到位林草生态保护与建设资金 202.3 亿元，森林覆盖率由 12.14% 提高至 12.31%，草原综合植被盖度由 42.3% 提高到 47%。西藏通过实施营造林工程先造后补，开展飞播造林试验，试验推广"江水上山"水能提灌技术；大力实施防沙治沙、退耕退牧还林还草、重要湿地保护与恢复、自然保护区建设等重点生态保护修复工程，实现了林草事业快速发展，完成营造林 39.8 万公顷。

（二）发展现状分析

（1）自然资源丰富，历史文化悠久。畜牧业在西藏又分为农区畜牧业、草地畜牧业和城镇郊区畜牧业。其中，农区畜牧业含半农半牧区和林区的畜牧业，其不仅是种植业的延伸，还是农畜产品加工工业的支撑点。草地畜牧业是西藏重要的基础产业之一，是藏族人民世代经营的传统产业，西藏有土地面积 122 万平方千米，在全国各省、自治区中仅次于新疆，约占全国总面积的 1/8。其中，草原面积近 83 万平方千米，占总面积的 2/3，占全国草原面积的 26%，其产品具有广泛的国际市场，并已成为出口创汇的拳头产品和主体产品，其出口额占全区出口额的 80% 以上。城郊畜牧业是商品经济发展的产物，西藏现有 6 个地级市、1 个地区（8 个市辖区，66 个县），在市场经济化和城乡经济一体化的经济发展新阶段，城郊畜牧业已成为西藏畜牧业市场的龙头和城镇经济、市场中心的重要组成部分。

西藏广阔的地区空间和复杂的自然环境孕育了丰富的自然资源，水能、地热、矿产、草场、森林以及旅游等自然资源丰富，开发潜力巨大。西藏拥有全国 30% 的天然水能蕴藏量和居于全国第一位的地热蕴藏量，现已发现 101 种矿产资源，查明矿产资源储量的有 41 种，铬、工艺水晶、刚玉、高温地热、铜、高岭土、菱镁矿、硼、自然硫、云母、砷、矿泉水 12 种矿产资源储量居全国前 5 位。这里拥有储量丰富、品质优良的石油、天然气资源，草场和森林以及多种动植物资源也很丰富。同时，西藏牧区风景秀丽，山川和湖泊众多，作为藏族的聚居地，其历史悠久的藏文化至今仍保持着自身的完整性和独特性。藏传佛教在藏文化的发展过程中占据极其重要的地位。独特的文化氛围和传统造就了其独特的风俗人情、宗教信仰、文化艺术和人文景观，这为西藏草原牧区发展具有独特民族风情的旅游资源创造了良好的条件。

（2）草地资源丰富，类型多样。目前，西藏牧区是我国四大牧区之一，全区共有草地面积 8006.5 万公顷，其中天然草地面积 6866.9 万公顷，约占西藏土地面积的 56%，约占全国草地面积的 17%；人工牧草地 4.5 万公顷，其他草地 1135 万公顷。那曲、阿里、日喀则 3 个地级市（地区）的草地占全区草地的 85.39%。西藏草地资源不但丰富而且类型多样。全国草地共划分为 18 个草地类型，西藏就有 17 个草地类型。西藏草地不仅是我国草地的缩影，还是我国重要的绿色基因库。合理开发草地资源，有效保护草地资源，提高草地生产力，是西藏牧区实现可持续发展的关键。

（3）经济增长速度和质量效益同步提升。"十三五"期间，西藏全区粮播面积约 18 万公顷，占播种面积的 68.57%；青稞种植面积 14.3 万公顷，占粮食播种面积的 79.6%。调结构以后，粮食播种面积稳定在 18 万公顷，其中青稞面积稳定在 14 万公顷以上，经济作物种植面积 4.7 万公顷以上，饲草 2.7 万公顷，全区粮食作物、经济作物、饲料作物的比例为 7 ∶ 2 ∶ 1。

"十三五"期间，累计种植青稞良种繁殖田 5.3 万公顷，2020 年农作物良种推广面积达到 15.1 万公顷，其中青稞良种覆盖率达到 90.5%，比 2015 年提高了 5.5 个百分点。2013 年，全区开始大面积推广青稞新品种"藏青 2000"，逐步替换"藏青 320"，最高推广面积达 6.9 万公顷，占当年青稞良种推广面积的 55%；2018 年，大力推广青稞高产品种"喜马拉 22 号"，逐步替换"藏青 2000"主导地位；2020 年，"喜马拉 22 号"推广面积 7.7 万公顷，占青稞良种推广面积的 59%。

"十三五"期间，按照《西藏自治区农作物良种繁育基地建设管理办法》《西藏自治区麦类作物良种繁育技术规程》《全区农作物良种统繁统供工作方案》的规定，西藏全区粮油主产区分别建设主推品种原种田、一级种子田和二级种子田，向大田提供优质良种 4000 万千克左右。为提高种子质量，已建立自治区农科所、拉萨市曲水县、日喀则市桑珠孜区、山南市乃东区、昌都市洛隆县5个现代化农作物种子精选、包衣加工厂进行种子精选和包衣，有效控制种传病害，不断提高种子质量。各级党委政府高度重视种业发展，并以实际行动尊重知识和人才，自治区每年对农作物良种繁育基地和良种推广进行补贴，在全区7地市开展政策性农业保险。西藏自治区农作物品审委员会办公室召开品审会，对各地市农科院育成的冬春青稞、冬春小麦、油菜、玉米、豌豆、蚕豆、马铃薯等作物品种审（认）定、登记、备案，推出了藏青2000、喜马拉22号、冬青18号、山冬6号、山冬7号、藏油5号、山油2号等优质品种，在全区推广。

西藏深入推进农牧业产业结构调整，加快优势特色产业集群、现代农业产业园、农业产业强镇建设，加大高原生物产业基地建设力度，持续提高农畜产品供给保障能力；继续开展全国"一村一品"示范村镇、中国美丽休闲乡村创建工作，促进农牧业产业链的延伸和功能拓展。目前，全区新型农牧业经营主体蓬勃发展，农畜产品加工企业331家，各级农牧业产业化龙头企业162家，农牧民专业合作社12 696家，纳入全国家庭农场名录信息系统的家庭农（牧）场9666家，不断完善利益联结机制，提升新型农牧业经营主体带动能力，促进农牧民增收。

"十三五"期间，西藏全区不断加大科技投入，大力支撑农牧业产业发展。累计投入5142万元实施"青稞种质创新与分子育种"重大科技专项，累计投入4378万元实施"西藏特色家畜选育与健康养殖"重大科技专项，系统开展牦牛、藏猪、藏鸡、藏羊、奶（肉）牛选育和健康养殖关键技术研究，积极巩固拓展脱贫攻坚成果，有效衔接乡村振兴的主导产业。

（4）基础设施建设快速发展。"十三五"期间，西藏紧盯"两不愁三保障"，整合涉农资金753.9亿元，62.8万贫困人口全部脱贫，74个县（区）全部摘帽，26.6万易地扶贫搬迁群众顺利入住，3037个扶贫产业项目直接带动23.8万群众脱贫。11.1万贫困人口最低生活保障应保尽保。脱贫攻坚普查全面完成，群众满意度达99%以上。

2022年，西藏全区共安排重点建设项目181个，年度计划投资1404亿元。项目分为重大基础设施类、产业发展类、保障和改善民生类、生态文明建设类、强边固防和基层政权类。重大基础设施类61个项目，计划投资461亿元，主要包括铁路、公路、机场、水利、市政等方面；产业发展类75个项目，计划投资765亿元，主要包括清洁能源、绿色工业、旅游文化、高原生物、高新数字、边贸物流、房地产开发及商业等方面；保障和改善民生类32个项目，计划投资 67 亿元，主要包括教育、医疗、文化、保障性安居工程、其他社会事业等方面；生态文明建设类 8 个项目，计划投资 51 亿元，主要包括重点生态区域生态保护和修复、国家公园建设、拉萨南北山绿化工程、城镇污水垃圾处理及收集等方面；强边固防和基层政权类 5 个项目，计划投资 60 亿元。

第三节　我国草原生态文明建设发展历程

一、生态文明建设萌芽起步阶段

中华人民共和国成立以来，草原生态文明建设经历了一个不断发展的过程，如今民众的生态文明意识不断加强，生态文明建设的实践也在如火如荼地开展。草原生态文明建设要有理论，更要有实践，研究草原生态文明建设的发展过程有利于我国更好地进行生态文明建设。

（一）提倡植树造林

中华人民共和国成立后，以毛泽东同志为核心的党中央领导集体对环保工作高度重视，毛泽东发出了"绿化祖国"和"实现大地园林化"的号召，并且对于水利和国土工作也很重视。但是，由于长期重视发展工业，缺乏污染控制措施，再加上不合理的工业布局，生态环境破坏的情况相当明显，生态文明建设成效甚微，草原生态问题依旧突出，直到 20 世纪 70 年代，环保工作逐步开展，才取得了一定成果。中华人民共和国成立到 20 世纪 70 年代的这段时间内，我国既没有明确的环境保护目标和任务，又没有专门的环境机构和环保法律。这一时期虽然草原生态文明建设存在许多问题，但是也为以后草原生态文明建设的进一步发展积累了经验。

（二）参与召开国际国内环境会议

1972 年，联合国在斯德哥尔摩召开首次讨论环境问题的国际会议——联合国人类环境会议，中国代表团被邀请参加。会议通过了《联合国人类环境会议宣言》，提出了"只有一个地球"的口号，这标志着环境问题逐渐受到了世界各国的关注，促进了世界各地环保事业的有序进行。会议结束后，中国政府成立国务院环境保护领导小组筹备办公室，以带动全国环境保护建设。1973 年，联合国成立了环境规划署，中国成为首批理事会成员国，这极大地促进了我国与其他国家环境保护合作的开展。同年 8 月，第一次全国环境保护会议在北京召开，推动了中国环境保护工作的开展，中国环境保护事业迈出了关键性的一步。这次会议审议并通过了《关于保护和改善环境的若干规定（试行草案）》，这是中国第一部关于环境保护的综合性法规，它的通过标志着我国环保立法工作的开始。

（三）关注环境问题及环保立法

在这个阶段，生态文明建设经历了从无到有的过程，政府逐步开展环保工作，但尚未形成治理体系。总的来说，这一时期国家和政府实现了环保理念的转变，努力探索不同于西方工业化国家的"先污染后治理"模式的具有中国特色的发展道路。在此期间，政府主持各方面的环保工作，为以后的发展打下了基础。然而，由于缺乏建设经验和对环境问题的正确认识，我国未能形成系统的环境治理体系。环境问题也一直没有被民众关注，保护环境缺乏广泛的公众参与，系统治理环境污染的治理水平和有效性不高。

环保法律在国家法律中占有非常重要的地位，特别是在国家面临许多环境问题时，环保法规的作用就会更加凸显。邓小平同志大力推动环保法律和法规的建设，使其有了质的飞跃。1978年，我国修订《中华人民共和国宪法》时将保护环境和自然资源与防治污染等内容加入其中，把环保事业上升为宪法规范，这为中国的环境保护工作和环保法律建设奠定了宪法基础。

更值得注意的是，邓小平同志在1978年主持中央工作时也提出："应该集中力量制定刑法、民法、诉讼法和其他各种必要的法律，例如工厂法、人民公社法、森林法、草原法、环境保护法、劳动法、外国人投资法等等，经过一定的民主程序讨论通过，并且加强检察机关和司法机关，做到有法可依，有法必依，执法必严，违法必究。"[①] 1979年，《中华人民共和国环境保护法（试行）》颁布，这标志着中国环境保护事业的新开始，也说明中国的环境法律体系正在逐步建立。

二、生态文明建设奠基形成阶段

（一）提出经济建设与人口资源环境的协调发展

1979年，邓小平同志指出："要使中国实现四个现代化，至少有两个重要特点是必须看到的：一个是底子薄。……第二条是人口多，耕地少。……很多资源还没有勘探清楚，没有开采和使用，所以还不是现实的生产资料。土地面

---

① 邓小平. 解放思想，实事求是，团结一致向前看 [EB/OL]. [2022-03-25]. http://www.people.com.cn/item/sj/sdldr/dxp/B101.html.

积广大，但是耕地很少。耕地少，人口多特别是农民多，这种情况不是很容易改变的。这就成为中国现代化建设必须考虑的特点。"① 本段话揭示了人口、资源、环境与发展的严峻形势，让民众认识到了我国所面临的现实情况。一方面，我们不能放弃经济建设这个中心，但也要协调和处理好经济社会发展与资源环境之间的关系。邓小平同志指出，我国要关注经济建设，但从长远的角度来看也要协调好经济社会发展与人口、资源和环境之间的关系。另一方面，我国要有效地控制人口，促进人口增长、经济发展和环境保护相协调。邓小平同志还指出，我国人口的实际情况严重制约国家的经济和社会发展，日益增长的人口破坏了生态平衡，有计划地控制人口增长势在必行。

（二）确立环境保护基本国策

20 世纪 70 年代后，随着人口的大幅增长以及人们物质消费水平的整体发展，资源消耗严重，环境问题日益严重，如果不及时采取措施，必然会对经济社会发展造成负面影响，因此我国确立了环境保护的基本国策。1983 年，第二次全国环境保护会议明确提出环境保护是我国的一项基本国策；制定经济建设、城乡建设和环境建设同步规划、同步实施、同步发展，实现经济效益、社会效益、环境效益相统一的指导方针。环境保护作为一项基本国策，标志着一个环保新时代的开始。自此，环境保护的基本国策一直发挥着重要而深远的影响，指导着中国环保事业的发展。

（三）提出可持续发展战略

1995 年的中共十四届五中全会上，江泽民同志指出："在现代化建设中，必须把实现可持续发展作为一个重大战略。要把控制人口、节约资源、保护环境放到重要位置，使人口增长与社会生产力发展相适应，使经济建设与资源、环境相协调，实现良性循环。"② 1996 年，第八届全国人民代表大会第四次会议审议通过了《国民经济和社会发展"九五"计划和 2010 年远景目标纲要》，明确把可持续发展作为全面发展战略目标，使可持续发展战略得以实施。1997 年，江泽民同志在十五大报告中进一步提出："我国是人口众多、资源相对不足的国

---

① 邓小平 . 坚持四项基本原则 [EB/OL].(2021-09-16)[2022-03-25].https://www.cctv.com/special/756/1/50128.html.

② 江泽民 . 正确处理社会主义现代化建设中的若干重大关系——江泽民在党的十四届五中全会闭幕时的讲话（第二部分）[EB/OL].(2008-07-10)[2022-03-25].http://www.gov.cn/test/2008-07/10/content_1041256.htm.

家，在现代化建设中必须实施可持续发展战略。"① 此后，可持续发展战略指导着我国经济和社会发展，成为重要的战略决策。可持续发展战略要求国家改变以往的发展思路，民众改变传统的生产生活方式，一起为实现经济社会可持续发展而努力。

（四）探索新型工业化道路

改革开放后，中国的工业发展进入了一个新的时代，但由于工业基础薄弱和技术落后，我国的工业发展主要采取粗放模式，正是这种粗放型发展模式造成了严重的资源浪费和环境污染，影响了经济和社会的可持续发展。党的十四大之后，党中央不断深化工业化道路理论成果，最终提出了走新型工业化道路。党的十六大对这条新型道路进行了科学的概括，即"坚持以信息化带动工业化，以工业化促进信息化，走出一条科技含量高、经济效益好、资源消耗低、环境污染少、人力资源优势得到充分发挥的新型工业化路子"②。我国的新型工业化发展道路不同于其他发达国家的经济发展之路，它坚持以可持续发展战略为指导，不再走"先污染后治理"的传统老路，强调实现工业化的同时注重节约资源和保护环境，真正做到可持续发展。

（五）发展循环经济

循环经济是以资源的高效利用和循环利用为核心，以"减量化、再利用、资源化"为原则，以低消耗、低排放、高效率为基本特征，符合可持续发展理念的经济增长模式。它本质上是一种生态经济。早在1980年，党中央就提出要努力转变经济增长方式，减少对劳动密集型和资源密集型产业的依赖。1993年，全国第二次工业污染防治会议提出污染控制并不局限于结果处理，也要向生产过程控制转变，要大力推进清洁生产。1994年，中共中央决定开始生态示范区建设试点。此后，我国借鉴他国循环经济发展经验，根据自身实际情况，深入贯彻循环经济理念，重视试点工作，并逐步开始了对中国式循环经济发展模式的探索。

---

① 江泽民 . 高举邓小平理论伟大旗帜，把建设有中国特色社会主义事业全面推向二十一世纪——江泽民在中国共产党第十五次全国代表大会上的报告 [EB/OL].(2008-07-11)[2022-03-25].http://www.gov.cn/test/2008-07/11/content_1042080_3.htm.

② 江泽民 . 全面建设小康社会，开创中国特色社会主义事业新局面——江泽民在中国共产党第十六次全国代表大会上的报告 [EB/OL].(2008-08-01)[2022-03-25].http://www.gov.cn/test/2008-08/01/content_1061490.htm.

三、生态文明建设大发展阶段

在新的历史条件下，我国生态文明建设的理论和实践不断发展。国家从现有的生态文明建设情况出发，不断发展和完善生态文明建设。

（一）确立科学发展观战略

随着经济和社会的进步，只注重经济发展而忽略生态环境的发展理念已经不能再指导中国的发展了，必须转变发展理念。

20世纪90年代初，党中央提出人口、资源、环境与经济社会协调发展和人与自然和谐的可持续发展战略。然而，部分地方政府在实践中仍较为关注经济增长，忽视了生态文明建设。进入21世纪，党中央领导集体仔细研究中国的经济和社会发展的实际问题，在十六届三中全会上提出坚持以人为本、全面、协调可持续的科学发展观，以促进经济社会发展和人的全面发展。科学发展观要求我们必须坚持走可持续发展的道路，加强资源的有效利用，努力改善自然环境，推动整个社会走上生产发展、生活富裕、生态良好的文明发展道路。

（二）提出生态文明建设

党的十七大首次提出了"建设生态文明"这一重要课题，胡锦涛同志指出："建设生态文明，基本形成节约能源资源和保护生态环境的产业结构、增长方式、消费模式。循环经济形成较大规模，可再生能源比重显著上升。主要污染物排放得到有效控制，生态环境质量明显改善。生态文明观念在全社会牢固树立。"[1] 党的十七大之后，党中央领导集体明确了生态文明建设的地位、目标和措施，把生态文明建设作为一项重要的战略手段。生态文明建设是中国特色社会主义事业总体布局的重要组成部分，是"五位一体"格局不可缺少的重要组成部分；生态文明建设的目标是建设资源节约型和环境友好型社会；主要措施是优化产业结构，转变经济增长方式和消费模式。由此可以看出，党中央对生态文明建设的实践正在不断推进。

（三）提出建设美丽中国目标

党的十八大将生态文明建设提高到了一个前所未有的高度，要求将生态文

---

[1] 胡锦涛. 高举中国特色社会主义伟大旗帜 为夺取全面建设小康社会新胜利而奋斗——胡锦涛在中国共产党第十七次全国代表大会上的报告 [EB/OL].(2012-06-19)[2022-03-30]. https://fuwu.12371.cn/2012/06/11/ARTI1339412115437623_all.shtml.

明建设融入经济社会发展的全过程，努力建设美丽中国。其中，建设美丽中国是生态文明建设的宏伟目标，也成为实现中华民族伟大复兴的中国梦的重要内容。

党的十八大提出了建设美丽中国的目标，并给出了美丽中国的科学内涵。"美丽中国"不仅指的是生态文明的自然之美，还包括科学发展的和谐之美，这意味着科学发展、和谐发展是美丽中国的内在要求，美丽中国建设已融入经济建设、政治建设、文化建设、社会建设以及生态文明建设的"五位一体"之中。

党的十九大报告不仅对生态文明建设提出了一系列新思想、新目标、新要求和新部署，为建设美丽中国提供了根本遵循和行动指南，还首次把美丽中国作为建设社会主义现代化强国的重要目标。美丽中国目标的提出不仅寄予了人民对未来美好生活的期盼，还反映了中国共产党对人类文明规律的深刻认识、对现代化建设目标的丰富理解。建设美丽中国是对人类文明发展规律的深邃思考，突出了发展的整体性和协同性。建设美丽中国顺应了人民对美好生活的向往，体现了以人民为中心的发展思想。

（四）完善生态文明制度

胡锦涛同志在党的十八大报告中指出"坚持节约资源和保护环境的基本国策，坚持节约优先、保护优先、自然恢复为主的方针，着力推进绿色发展、循环发展、低碳发展，形成节约资源和保护环境的空间格局、产业结构、生产方式、生活方式，从源头上扭转生态环境恶化趋势，为人民创造良好生产生活环境，为全球生态安全作出贡献"[①]，强调加快推进生态文明建设，这为我国生态文明建设奠定了基础，把握了生态文明建设的总方向。生态文明制度建设主要包括自然资源资产产权制度、国土空间开发保护制度、生态文明建设目标评价考核制度和责任追究制度、生态补偿制度、河湖长制、林长制、环境保护"党政同责"和"一岗双责"等制度。这种制度的设计应该说是相当科学的，但在具体建设的过程中，还是要根据中国特色社会主义的实践，结合我国生态环境的现实问题，从而更好地进行生态文明制度建设。

生态文明建设不是一蹴而就的，它经历了一个曲折的发展过程，至今仍在不断发展。生态文明建设不仅会使环境更加美丽，还会促进人民思想意识的大进步与大发展，即让绿色发展的理念深入人心。

---

① 胡锦涛. 坚定不移沿着中国特色社会主义道路前进　为全面建成小康社会而奋斗——胡锦涛在中国共产党第十八次全国代表大会上的报告 [EB/OL].(2012-11-08)[2022-03-30].http://cpc.people.com.cn/n/2012/1118/c64094-19612151-8.html.

第四节　我国草原生态文明建设取得的成就

生态文明建设是关乎中华民族永续发展的根本大计。习近平同志在庆祝中国共产党成立 100 周年大会上强调，要坚持人与自然和谐共生，协同推进人民富裕、国家强盛、中国美丽。百年来，随着党和国家事业的蓬勃发展，我国生态文明建设和生态环境保护经历了光辉历程，取得了辉煌成就，积累了丰富经验。

1992 年，联合国环境与发展会议后，我国接轨国际、立足国情，将可持续发展确立为国家战略，污染防治思路由末端治理向生产全过程控制转变、由浓度控制向浓度与总量控制相结合转变、由分散治理向分散与集中控制相结合转变，生态环境保护事业在可持续发展中不断向前推进。进入 21 世纪，党中央提出树立和落实科学发展观、建设资源节约型环境友好型社会等新思想新举措，要求从重经济增长轻环境保护转变为保护环境与经济增长并重，从环境保护滞后于经济发展转变为环境保护和经济发展同步，从主要用行政办法保护环境转变为综合运用法律、经济、技术和必要的行政办法解决环境问题，生态环境保护事业在科学发展中不断创新。党的十八大以来，以习近平同志为核心的党中央把生态文明建设作为关乎中华民族永续发展的根本大计，大力推动生态文明理论创新、实践创新、制度创新，形成了习近平生态文明思想，引领我国生态文明建设和生态环境保护从认识到实践发生了历史性、转折性、全局性变化。在"五位一体"总体布局中，生态文明建设是其中一位；在新时代坚持和发展中国特色社会主义的基本方略中，坚持人与自然和谐共生是其中一条；在新发展理念中，绿色发展是其中一项；在三大攻坚战中，污染防治是其中一战；在到 21 世纪中叶建成社会主义现代化强国目标中，美丽中国是其中一个。党的十九大修改通过的党章增加了"增强绿水青山就是金山银山的意识"等内容，2018 年 3 月通过的宪法修正案将生态文明写入宪法，实现了党的主张、国家意志、人民意愿的高度统一。体制制度更加完善，生态文明体制改革加快，出台了数十项生态文明建设相关具体改革方案，生态文明"四梁八柱"性质的制度体系基本形成。制修订了近 30 部生态环境与资源保护相关法律，生态环境法律体系日趋完善。组建生态环境部、自然资源部，省以下生态环境机构监测监察执法垂直管理制度、自然资源资产产权制度、河（湖、林）长制等改革举措全面实施。中央生态环境保护督察成为推动各地区各部门落实生态环境保护责任的硬招实招。工作成效更加彰显，清洁能源占能源消费比重达 25.5%，光伏、风能装机容量、发电量均居世界首位。资源能源利用效率大幅提升，碳排放强度持续下降。截至 2021 年年底，我国单位 GDP 二氧化碳排放较 2005 年降低约 50.3%，超额完成下降 40% ~ 45% 的目标。"十三五"规划纲要确定的生态环境 9 项约束性指标和污染防治攻坚战阶段性目标任务圆满完成。国际影响更加深远，认真落实生态环境相关多边公约或议定书，向国际社会宣示中国应对气候变化中长期目标和愿景，我国成为全球生态文明建设的重要参与者、贡献者、引领者。

一、草原保护力度逐年加强

我国 2006—2018 年重点天然草原平均牲畜超载率、天然草原理论载畜量、草原综合植被盖度、天然草原草产量如表 2-4 所示。我国天然草原理论载畜量从 2006 年的 23 161.00 万绵羊单位增加至 2018 年的 26 717.12 万绵羊单位，增加了 15% 左右，增长适中，而且 2014—2015 年出现了小幅下降。这表明全国草原生态和生产力恢复仍较缓慢，依然要强化禁牧和草畜平衡的监管，不可松懈。六大牧区省份及全国重点天然草场平均牲畜超载率从 2006 年的 34.00% 降低到 2018 年的 10.20%，减少了 23.8 个百分点。

表 2-4　2006—2018 年全国天然草原平均牲畜超载率、理论载畜量、
综合植被覆盖率及草产量

年　份	全国重点天然草原平均牲畜超载率 /%	全国天然草原理论载畜量 / 万绵羊单位	全国草原综合植被盖度 /%	天然草原草产量 / 万吨	
				鲜草	干草
2006	34.00	23 161.00	—	94 313.00	29 587.00
2007	33.00	23 369.00	—	95 214.00	29 865.00
2008	32.00	23 178.00	—	94 715.50	29 626.80
2009	31.20	23 098.81	—	93 840.86	29 363.77
2010	30.00	24 013.11	—	97 632.21	30 549.71
2011	28.00	24 619.93	51.00	100 248.26	31 322.01
2012	23.00	25 457.01	53.80	104 961.93	31 322.01

年　份	全国重点天然草原平均牲畜超载率 /%	全国天然草原理论载畜量/万绵羊单位	全国草原综合植被盖度 /%	天然草原草产量 / 万吨	
				鲜草	干草
2013	16.80	25 579.20	54.20	105 581.21	32 387.46
2014	15.20	24 761.18	53.60	102 219.98	31 502.20
2015	13.50	24 943.61	54.00	102 805.65	31 734.30
2016	12.40	—	54.60	103 864.86	—
2017	11.30	25 858.61	55.30	106 491.69	32 840.45
2018	10.20	26 717.12	55.70	109 942.02	33 930.75

资料来源：表中 2006—2016 年数据来源于历年《全国草原监测报告》，2017—2018 年数据来源于《2018 年全国林业和草原发展统计公报》。

近年来，我国着力开展天然草原的保护与修复工作，分步实施了天然草原退牧还草、京津风沙源治理等一系列重大草原生态工程项目，通过草原围栏建设、重度退化草原的补播改良等途径，在保护和修复草原生态环境方面取得了显著成效。2020 年，全国草原综合植被盖度达到了 56.1%，鲜草产量达到 11 亿吨。"十三五"期间，中央财政持续增加投入力度，累计下达地方 4550 亿元（不含中央基建投资），支持林业草原生态建设，大力支持造林、森林抚育和林木良种培育；全面保护天然林，实施森林生态效益补偿，加强森林资源管护；对 497 万公顷陡坡耕地、重要水源地等实施退耕还林还草；支持退化草原修复和人工种草，加强草原生态修复治理；强化森林草原防火和林业有害生物防治等，全方位保障国土绿化行动顺利实施。

二、草原工作成效逐步提高

一是草原畜牧业发展方式加快转变。牧区各地按照"以草定畜、增草增畜、舍饲圈养、依靠科技、加快出栏、保障供给"的思路，在保护草原生态的前提下，大力发展现代草原畜牧业。随着人工饲草地种植规模的扩大和舍饲半舍饲圈养的推行，牧区适度规模标准化养殖快速发展。

二是牧民收入稳定增长。"十三五"期间，第二轮草原生态保护补助奖励政策开始实施，相关政策措施得到了完善，每年安排补奖资金 187.6 亿元。其中，155.6 亿元用于通过禁牧补助和草畜平衡奖励直补到户，由农业农村部负责实施；32 亿元用于草原生态修复治理补助，支持地方草原生态保护修复工作，由国家林草局负责实施。于"十四五"期间开始实施的第三轮草原生态保护补助奖励政策继续坚持草原补奖资金、任务、目标、责任"四到省"的原则，中央财政继续按照禁牧补助 7.5 元/亩、草畜平衡奖励 2.5 元/亩的标准进行资金测算并下达到省。草原生态保护补助奖励政策实施 10 年来，截至 2021 年 12 月，中国累计投入资金超过 1500 亿元，1200 多万户农牧民受益。13 个实施补奖政策省区的农牧民人均每年得到补奖资金 700 元，户均每年增加转移性收入近 1500 元。

草原是我国面积最大的陆地生态系统，是最重要的自然资源之一，也是牧区牧民群众最基础的生产生活资料。加强草原保护建设利用是推进生态文明建设、实现绿色发展、保障国家生态安全的重要任务。

"十三五"时期，我国草原保护建设利用迎来难得的历史机遇。一是大力推进生态文明建设为草原生态保护带来新机遇。以习近平同志为核心的党中央高度重视生态文明建设，将建设生态文明提升到"关系人民福祉、关乎民族未来"的高度。草原作为陆地生态系统的主体，在推进生态文明、建设美丽中国过程中大有可为。二是人民对美好环境的期待为草原政策的稳定完善注入了新动力。习近平同志始终强调，人民对美好生活的向往就是我们的奋斗目标。对广大农牧民群众来说，"碧草蓝天""腰包鼓鼓"就是期盼所在。草原生态生产功能兼备，对实现牧民过上美好生活的目标具有重要作用。三是深入推进农业结构调整为促进草牧业发展开辟了新途径。推进农业供给侧结构性改革，加快转变农业发展方式，构建粮经饲统筹、农林牧渔结合、种养加一体、一二三产业融合发展格局，对草牧业发展提出了更高的要求。农牧结合、草田轮作，既可以改良土壤，充分发挥各类土地的生产潜能，又可以有效增加草食畜产品供给，已成为农业生产结构调整的重要内容和保障国家粮食安全的重要途径。加强草原保护建设利用是实现建设生态文明目标和落实发展新理念的必然要求。

（一）加强草原保护建设利用是实现创新发展的生动实践

创新是发展的第一动力，是推进农业现代化的重要引领。加强草原保护建设利用，有助于实现从"生产功能为主"到"生产生态有机结合、生态优先"的理念创新，从散户为主的小农经济到合作社、现代家庭牧场等为主的经营方式创新，以及从草原畜牧业到草牧业的产业体系创新是推动走粮经饲统筹、农林牧渔结合、种养加一体、一二三产业融合的农业现代化道路的重要实践。

（二）加强草原保护建设利用是实现协调发展的战略举措

加强草原保护建设利用，发展特色优势产业，对于促进草原地区经济社会快速发展，巩固民族团结，维护边疆稳定，促进区域协调发展具有重要意义。

（三）加强草原保护建设利用是实现绿色发展的必然选择

绿色发展的理念要求为人民提供更多的优质生态产品，走生态良好的文明发展道路。我国草原面积约 4 亿公顷，占国土面积的 2/5，具有涵养水源、保持土壤、防风固沙、固碳储氮、净化空气以及维护生物多样性等重要生态功能，是我国重要的生态屏障和生态文明建设的主战场。加强草原保护建设利用，恢复草原植被，改善草原生态，有助于提供更多优质生态产品，为走生态良好的文明道路奠定坚实基础。

（四）加强草原保护建设利用是实现开放发展的重要依托

开放是国家繁荣发展的必由之路。推进"一带一路"建设是构建对外开放新格局的重要战略。新疆、青海、甘肃、宁夏等草原省区是"一带一路"的重要节点。加强草原保护建设利用，与沿线国家开展草原防灾减灾、草原资源保护利用等生态环境保护重大项目合作是推进"一带一路"倡议的重要内容。同时，实施对外开放战略也需要积极承担国际责任和义务。加强草原保护建设利用，治理退化草原也是应对气候变化的重要举措。

（五）加强草原保护建设利用是实现共享发展的有效途径

共享发展的理念强调，要使全体人民在共建共享发展中有更多获得感。草原畜牧业收入是农牧民收入的主要来源，加强草原保护建设利用可以有效推动草原地区生产方式和牧民生活方式转变，促进草牧业发展，拓宽农牧民增收渠道，增加农牧民收入，实现共同富裕和人与自然和谐健康发展的目标。《"十四五"林业草原保护发展规划纲要》提出了全国草原生态环境保护的主要目标。

2035 年远景目标：全国森林、草原、湿地、荒漠生态系统质量和稳定性全面提升，生态系统碳汇量明显增加，林草对碳达峰和碳中和贡献显著增强，建成以国家公园为主体的自然保护地体系，野生动植物及生物多样性保护显著增强，优质生态产品供给能力极大提升，国家生态安全屏障坚实牢固，生态环境根本好转，美丽中国建设目标基本实现。

"十四五"主要目标：到 2025 年，森林覆盖率达到 24.1%，森林蓄积量达到 180 亿立方米，草原综合植被盖度达到 57%，湿地保护率达到 55%，以国家公园为主体的自然保护地面积陆域国土面积比例超过 18%，沙化土地治理面积 1 亿亩。

三、草原生产力逐步提高

近年来，草原生产能力逐年提高，种草面积、商品草面积和单位面积产量持续提高，孵化出一批专业化、机械化和高标准的商品草种植基地。我国商品草种每年需求量 15 万吨左右，其中 40% 以上依靠进口；种植面积最大的牧草紫花苜蓿，80% 以上需要进口，种子是草产业发展"卡脖子"的关键。2020 年，全国饲草种子田面积达到 9.2 万公顷，种子产量达 9.8 万吨。其中，苜蓿种子田 4.3 万公顷，产量 1.8 万吨；燕麦种子田 1.5 万公顷，产量 4.3 万吨。在国家种业政策引导下，全国涌现出一批育繁推一体化的草业企业，投资建设了一些自有种子生产基地，繁种供种能力得到一定提升。

四、草原科技支撑力逐年增强

截至 2020 年年底，全国审定登记草品种 632 个，累计开展了 335 个饲草新品种评价试验，审定通过饲草新品种 604 个。其中，具有自主知识产权的育成品种 226 个，引进品种 182 个，地方品种 62 个，野生栽培品种 134 个。

五、草原制度体系逐步完善

改革开放以来，我国草原制度建设的成果丰硕，逐步形成了以《中华人民共和国草原法》为基础，以相关政策、规章为支撑，以一系列法律、法规为补充的草原制度体系，在草原保护建设方面起到以下重要作用。一是确立了草原承包经营制度，并加以实施和推广。二是深化了草原保护机制体制，并加以进步和创新。国家确立了"科学规划、重点建设、全面保护、合理利用"的方针，以加强草原资源保护。三是推行和强化了草原科学利用制度。通过加强草原生态环境保护、禁止过度放牧、严惩人为破坏等方面的制度设计，促进草原科学、合理地利用。四是探索和发展了草原统计和检测预警制度。《中华人民共和国草原法》规定了草原调查制度、草原统计制度、草原监测预警制度等若干重要制度，以做好草原调查监测工作。五是完善和加强草原防火制度。加强草原防火能够对保护草原、保障人民生命和财产安全起到重要作用。

2021 年 3 月，国务院办公厅出台《关于加强草原保护修复的若干意见》（以下简称《意见》），《意见》指出，草原是我国重要的生态系统和自然资源，在维护国家生态安全、边疆稳定、民族团结和促进经济社会可持续发展、农牧民增收等方面具有基础性、战略性作用。党的十八大以来，草原保护修复工作取得显著成效，草原生态持续恶化的状况得到初步遏制，部分地区草原生态明显恢复。但当前我国草原生态系统整体仍较脆弱，保护修复力度不够、利用管理水平不高、科技支撑能力不足、草原资源底数不清等问题依然突出，草原生态形势依然严峻。为进一步加强草原保护修复，加快推进生态文明建设，《意见》提出以下目标。到 2025 年，草原保护修复制度体系基本建立，草畜矛盾明显缓解，草原退化趋势得到根本遏制，草原综合植被盖度稳定在 57% 左右，草原生态状况持续改善。到 2035 年，草原保护修复制度体系更加完善，基本实现草畜平衡，退化草原得到有效治理和修复，草原综合植被盖度稳定在 60% 左右，草原生态功能和生产功能显著提升，在美丽中国建设中的作用彰显。到 21 世纪中叶，退化草原得到全面治理和修复，草原生态系统实现良性循环，形成人与自然和谐共生的新格局。《意见》还提出了具体工作措施和保障措施：建立草原调查体系，健全草原监测评价体系，编制草原保护修复利用规划；加大草原保护力度，完善草原自然保护地体系，加快推进草原生态修复，统筹推进林草生态治理，大力发展草种业，合理利用草原资源，完善草原承包经营制度，稳妥推进国有草原资源有偿使用制度改革，推动草原地区绿色发展；提升科技支撑能力，完善法律法规体系，加大政策支持力度，加强管理队伍建设；加强对草原保护修复工作的领导，落实部门责任，引导全社会关心支持草原事业发展。

六、草原牧区经济持续发展

内蒙古、青海、新疆和西藏统称为四大牧区，是我国的边疆地区，同时也是藏族、蒙古族、维吾尔族和哈萨克族等少数民族的聚居区。因此，草原牧区在维护民族团结、巩固边疆安全稳定方面具有不容忽视的重要作用。为促进修复草原生态系统，防止草原退化，2003 年，国家在四大牧区以及四川、甘肃、宁夏、云南等草原省区开始实施退牧还草工程。该工程在生态、经济、文化和社会等方面已取得了较为显著的效益，覆盖面达到 180 个旗县，使 500 万农牧民得到了实实在在的好处。

七、草原生态补奖机制逐年完善

2011 年 8 月，国务院召开全国牧区工作会议，会议讨论并依据《关于促进牧区又好又快发展的若干意见》，对牧区发展以及草原保护建设工作进行了总体部署。决定自 2011 年起，在全国畜牧业重点省区，包括新疆、四川、青海、内蒙古、甘肃、西藏、宁夏、云南 8 个省区，全面实施草原生态保护补助奖励政策，推行禁牧、休牧制度，确保草畜平衡，推动草原畜牧业转型升级。2020年，中央财政安排草原生态修复治理补助 31.93 亿元，重点用于退化草原生态修复治理、草种繁育、草原有害生物防治等，各省统筹安排用于辖区内草原生态修复治理。

八、重点生态工程建设成就斐然

（一）京津风沙源治理工程

京津风沙源治理工程是党中央、国务院为改善和优化京津及周边地区生态环境状况，减轻风沙危害，紧急启动实施的一项具有重大战略意义的生态建设工程。近年来，京津乃至华北地区多次遭受风沙危害，其频率较高、范围较广、强度较大，引起党中央、国务院高度重视，备受社会关注。国务院领导在听取了国家林业局对京津及周边地区防沙治沙工作思路的汇报后，亲临河北、内蒙古视察治沙工作，指出防沙止漠刻不容缓，于 2002 年开始实施京津风沙源治理工程。

"十三五"期间，京津风沙源治理工程累计完成营造林任务 101.9 万公顷，工程固沙 3.47 万公顷；新增国家沙化土地封禁保护区 46 个，总面积达 177.1万公顷；新建国家沙漠（石漠）公园 50 个，总面积达 43 万公顷；在全国范围内建立防沙治沙综合示范区 53 个。同时，安排中央预算内投资 100 亿元，加快推进石漠化治理。

总体上看，京津风沙源工程改善了农业基础条件，使产业结构趋于合理，促进了农牧业增产和农牧民增收。大规模的水土保持生态建设极大地改善了农牧民的生产生活条件，地力明显提高，土壤跑水、跑泥、跑肥的"三跑"问题得到根本解决；大规模的林草措施使当地农林牧用地比例和农村产业结构得以优化，农村经济增长方式由粗放经营向集约经营转变，农村各业生产总值稳步增长，加快了群众增收致富的步伐，促进了社会可持续发展。到 2020 年，京津风沙源治理工程累计实施营造林 940 万公顷，草地治理 1100 万公顷，工程固沙 5.6 万公顷；暖棚 2443 万平方米，饲料机械 20.7 万套；小流域综合治理2.34 万平方千米，节水灌溉和水源工程 28.21 万处；易地搬迁 26.27 万人。京津周边地区生态状况极大改善，空气质量明显好转。北京市沙尘天气的发生次数从工程实施初期的年均 13 次减少到近年来年均 2 ～ 3 次。

（二）退牧还草工程

2003 年初，针对西部地区草原生态环境持续恶化的严峻现实，国务院批准退牧还草工程。退牧还草工程涉及草地生态修复和牧区建设，坚持保护为先，建设和合理利用相结合，实行以草定畜，严格控制载畜量；实行草场围栏封育，开展禁牧、休牧和划区轮牧措施；适当建设人工草地和饲草基地。旨在遏制天然草地的持续恶化，优化草畜产业结构，恢复草原植被，提高草地生产力和载畜能力，促进与恢复草原生态平衡，实现畜牧业可持续发展。

（1）退牧还草工程进展顺利。退牧还草工程实施约 20 年来，总体上稳步推进。

投入力度空前。退牧还草工程从 2003 年开始实施，到 2018 年中央已累计投入资金 295.7 亿元，累计增产鲜草 8.3 亿吨，约为 5 个内蒙古草原的年产草量。"十二五"以来，我国草原生态建设工程项目中央投资累计超过 400 亿元。"十三五"期间，内蒙古不断扩大草原建设规模，年均人工种草 193.3 万公顷，建设规模居全国之首。2018 年国家林业和草原局成立后，草原保护修复工作继续加强，退牧还草、退耕还草、京津风沙源治理等草原生态保护修复重大工程深入实施。2018 年以来，通过退牧还草工程累计向内蒙古投入中央资金 7.5 亿元，开展人工种草 11.7 万公顷，补播改良 40.9 万公顷，围栏封育 35.9 万公顷，治理毒害草 6.5 万公顷；通过退耕还草工程向内蒙古投入中央资金 5.1 亿元，安排退耕还草任务 3.4 万公顷；通过京津风沙源治理工程累计向内蒙古投入草原生态修复资金 12.2 亿元，在包括农牧交错带的区域开展人工种草 5.0 万公顷，围栏封育 77.0 万公顷，建设贮草棚 143.7 万平方米。

实施范围较广。退牧还草工程以蒙甘宁西部荒漠草原、内蒙古东部退化草原、新疆北部退化草原和青藏高原东部江河源草原为主要实施地，涉及内蒙古、新疆、青海、西藏、甘肃、四川、云南、宁夏 8 个省区以及新疆生产建设兵团。"十三五"以来，继续在内蒙古等省、自治区实施退牧还草、退耕还林还草、农牧交错带已垦草原治理工程，加强工程顶层设计，优化草原围栏、种草改良等任务布局和任务量，增加了黑土滩、毒害草治理等建设内容；全面提高工程建设标准，工程建设质量显著提高；稳步扩大退牧还草工程范围，将草原面积大于 33 万公顷的 27 个牧区县全部纳入工程实施范围。对 100 多个草原生态保护修复工程县的地面监测结果表明，工程区内植被逐步恢复，生态环境明显改善。

（2）退牧还草工程取得了明显成效。退牧还草工程的实施初步扭转了重利用、轻建设，重索取、轻投入的局面，项目区草原生产能力不断提高，草原生态状况有所好转。

经过围栏封育、补播改良、休牧轮牧等综合措施，草原得到休养生息，项目区退化草原植被状况逐步好转，产草量不断提高。"十三五"以来，草原生态质量明显提高。

局部地区草原生态呈恢复势头。项目区草原生态呈现局部恢复性改善的态势，地表裸露率不断下降，植被盖度有所提高。草原植被的逐步恢复对防治沙尘暴、减少水土流失发挥了积极作用，我国北方沙尘天气发生的次数呈减少的趋势。近年来，草原生物多样性也不断增强，一些重要野生植物资源产量也持续增加。

加快了生产方式的转变。退牧还草工程的实施促进了自由放牧向有序放牧的转变，促进了以用为主向建、管、用相结合的转变，促进了传统低效的游牧业向集约化、产业化畜牧业的转变。项目区普遍推行了禁牧、休牧或轮牧制度，人工饲草料基地建设也不断加快。比如：内蒙古的 54 个牧业及半牧业旗（县），到 2018 年年底草原综合植被盖度达到 44%，比 2012 年提高了 4 个百分点，"十三五"期间，内蒙古完成年均人工种草 193 万公顷，建设规模居全国之首，2021 年内蒙古共完成种草 111 万公顷。

由于畜群结构的优化和家畜品种的改良，畜牧业生产效率也得到提高。2021 年，内蒙古猪肉产量 67.4 万吨，同比增长 9.8%；牛肉产量 68.7 万吨，同比增长 3.7%；羊肉产量 113.7 万吨，同比增长 0.6%。生产方式的转变促进了畜牧业发展，增加了牧民收入。

推动了全国草原生态建设。退牧还草工程的实施使草原地区各级政府、领导及相关部门对草原更加关注和重视，草原保护建设逐步纳入工作日程。宁夏回族自治区自 2003 年起，对天然草原实施了全面禁牧封育，并对人工种草给予补贴。陕西、河北、黑龙江、辽宁等地也大范围推行了禁牧措施。西藏自治区从 2009 年开始，在国家支持下，开展了以草定畜奖励、薪柴替代补贴试点。内蒙古自治区从 2010 年起，对草原禁牧、划区轮牧、草原节水灌溉设备以及草畜平衡牧户实行补贴政策。《辽宁省"十四五"生态经济发展规划》提出，到 2025 年，辽宁全省草地生态系统服务功能价值 175 亿元，草原综合植被盖度达到 64.5%；在"十四五"期间推动草沙生态产业化重点工程，大力发展苜蓿等优质牧草种植，每年建设 1 个优质高产饲草料基地，共建设 5 个。每年实施粮改饲 4 万公顷，收储青贮饲料 200 万吨。同时，工程的实施也推动了全国草原监理体系的建设和草原执法工作，推动了草原技术的研发和应用，推动了草原生态监测及防火防灾体系的建设，推动了草原承包和草原确权工作，也调动了广大农牧民保护和建设草原的积极性。

（三）草原自然保护区建设工程

中国是世界上草原资源最丰富的国家之一，草原资源具有极高的保护价值。建立草原自然保护区对典型草原生态系统、珍稀濒危动植物物种资源进行有效保护，对于促进国民经济和社会可持续发展、维护生态安全、构建和谐社会具有重要意义。

（1）草原自然保护区是保护典型草原生态系统和野生动植物资源最基本、最有效的方法。中国草原地跨热带、亚热带、暖温带、温带、高原寒带等多个气候带，形成了丰富的草原生态系统，孕育了大量的珍稀草原野生动植物资源。如果保护不当，使特有的生态系统、动植物灭绝，基因资源丧失，那么损失将无法挽回。建立草原自然保护区能够将中国生物多样性最丰富、历史价值最高、生态效益最好、最精华、亟须重点保护的草原生态系统和珍稀野生动植物分布区进行保护，对维护生态安全，保护当代人的生存环境，保护子孙后代的生存条件和物质财富，以及确保中华民族的长远利益具有特殊的战略意义。

（2）草原自然保护区是开展生态科普教育、宣扬人与自然和谐共存的重要基地。随着近年来社会经济的发展和人民群众精神文化需求的日益增长，许多自然保护区成为开展生态道德教育、宣扬人与自然和谐共存的重要基地，是普及自然科学知识、开展科学研究的重要场所。在保护草原自然资源的同时，应充分利用景观资源，发展生态旅游，弘扬草原生态文化，吸纳当地农牧民加入生态旅游产业链，使他们享受到保护的成果，共享保护的收益，推动社会主义新农村建设，促进人与自然的和谐相处。

（3）草原自然保护区是履行国际公约、开展国际交流合作的重要载体。中国是《生物多样性公约》《濒危野生动植物种国际贸易公约》《关于特别是作为水禽栖息地的国际重要湿地公约》《联合国防治荒漠化公约》《联合国气候变化框架公约》5个公约的签署国，承担着重要的履约任务。建立草原自然保护区，对人类社会发展具有重要意义的资源进行重点保护，承担世界草原大国应尽的国际义务，为全球生物多样性保护做出贡献有利于资源保护和可持续利用事业的合作、交流和发展，有利于树立中国高度重视生态保护的良好形象。

中国草原自然保护区建设始于20世纪80年代，经过几十年的建设，草原自然保护区在保护生态环境，开展动植物种群生态、生物多样性、生态系统恢复、草畜平衡等多学科研究工作，以及促进草原资源可持续利用等方面发挥了突出作用。

根据生态环境部统计，截至 2021 年 10 月，我国共建有草原与草甸生态系统类型自然保护区 33 处，占自然保护区总数的 1.23%；总面积 1704.50 万公顷，占自然保护区总面积的 11.44%。根据国务院第三次全国国土调查领导小组办公室、自然资源部、国家统计局发布的《第三次全国国土调查主要数据公报》，全国草地总面积 26 453.01 万公顷，全国草原与草甸生态系统类型保护区的面积占全国草地总面积的 6.44%。其中，全国草原与草甸类型自然保护区中，包括国家级自然保护区 7 处，省级自然保护区 11 处，市级自然保护区 4 处，县级自然保护区 11 处。

（四）草原生态移民工程

三江源区地处青藏高原腹地，是青藏高原的重要组成部分，被誉为"中华水塔"，其独特的自然地域单元、地理位置、地势结构和气候特征在人类生存环境和中华民族的未来发展中具有十分特殊的地位。自然条件和地域特征决定了三江源区生态环境脆弱、区域社会发育程度较低、经济基础差，强烈的发展需求增强了人对自然资源的依赖，也加剧了人与自然的紧张关系。生态移民是保护三江源区生态环境、促进区域可持续发展的重要措施之一，就是从改善和保护生态环境、发展经济出发，把原来位于生态环境脆弱地区高分散的人口，通过移民的方式集中起来，形成新的村镇，在生态脆弱区达到人口、资源、环境和经济的协调发展。

（1）生态移民的现状及规模。2003 年"青海省三江源自然保护区生态保护和建设"工程正式启动时，三江源自然保护区有人口 223 090 人，其中核心区43 566 人，缓冲区 54 254 人，实验区 125 270 人。按照小康型消费标准进行测算，三江源自然保护区人口环境容量为 133 731 人，24 315 户，需要生态移民 89 358人，16 129 户，三江源区实际移民 55 733 人，10 140 户。生态移民分两种模式：永久性移民，即从三江源自然保护区的核心区搬迁出来，不再回迁的移民；十年禁牧期移民，即从三江源自然保护区的实验区和缓冲区搬迁出来，冻结其草原承包使用权 10 年，10 年以后，牧民可自愿选择返回草原或继续定居城镇，返回草原继续从事畜牧业生产者，可继续享有草原使用权的移民。在政府引导、牧民自愿的前提下，鼓励牧民群众进入城镇定居，从而改变其传统粗放的草地畜牧业经营模式和游牧的生活方式，转移牧业人口，减轻和转移天然草场载畜量，有效保护草原生态。对于搬迁的移民，由政府发放相应的住房补贴、生活补贴、燃料补贴等，在移民社区建设相应的水、电、路、通信、学校、卫生所、公共厕所及管理用房等配套设施。

（2）生态移民实施绩效取得了良好的效果，具体体现在以下方面。

生态效果明显，有效遏制了草地生态退化的趋势。草地是人类赖以生存和发展的生物资源，它为人类社会提供了丰厚的社会和经济效益，更具有极高的生态效益，在维持陆地生态系统的生态平衡、稳定陆地环境、保护水域、保护生物多样性和珍稀物种资源等方面起到了重要作用。生态移民使三江源生态脆弱地区的生态环境得到明显改善，草地实施禁牧封育后，植被高度提高了 8.72% ~ 22.19%，植被盖度提高了 17.32% ~ 23.43%，产草量提高了 9.98% ~ 24.38%。不同经济类群草群高度、盖度、生物量均有所增加，但禾草、莎草在群落中所占的比重在增加，杂类草所占比重在下降，禁牧措施有效地减轻了天然草场的压力，促进了草地生态的恢复。

促进了牧区产业结构的调整，促使牧区剩余劳动力向第三产业转移。长期以来，生活在草原上的牧民群众以天然草地资源为依托，以发展传统草地畜牧业为主。生态移民工程的实施在很大程度上是将移民区牧民推入市场经济，参与市场竞争。牧民在移民新区从事服务业、交通运输业、季节性务工等多种形式的第三产业，收入得到了增加。

增加了草原牧民享受社会福利的机会。社会福利是指由国家立法或政策规定保障全体公民在享受基本权利的基础上，根据经济发展程度不断提高物质文化生活水平和生活质量而提供资金和服务的一种社会保障制度。生态移民后，草原牧民集中于小城镇及周边地区，这里信息较多、交通运输便利、社会化服务较发达，农牧民能够接触到更多的市场信息，这为他们进行产业转移增加了机会。此外，中国城乡分割的一个重要表现就是教育机会的不平等。生态移民以后，移民村都设在离乡镇不远的地方，在很大程度上为牧民子女上学提供了便利条件。调查资料统计显示，移民后，果洛河源新村牧民子女上学率达98.32%。生态移民也为草原牧民接受新的科学技术知识提供了机遇，生态移民后，移民区 80% 以上的牧民青年接受汽车驾驶、汽车修理、经布制作、蔬菜种植、藏毯编织等技能培训，掌握了一些劳动技能和适应城镇生活的基本知识，为移民创收提供了前提条件。

（五）草原自然生态公园工程

为全面加强草原保护，创新草原利用方式，国家林业和草原局积极推动草原自然公园建设工作，将资源具有典型性和代表性、区域生态地位重要、生物多样性丰富、景观优美以及草原民族民俗历史文化特色鲜明的草原纳入国家草原自然公园试点建设。2020 年 8 月 29 日，国家林业和草原局公布了内蒙古自治区敕勒川等 39 处全国首批国家草原自然公园试点建设名单，这标志着我国国家草原自然公园建设正式开启。此次确定的 39 处国家草原自然公园试点，面积共 14.7 万公顷，涵盖温性草原、草甸草原、高寒草原等类型，涉及 11 个省（区）和新疆生产建设兵团、黑龙江省农垦总局，区域生态地位重要，代表性强，民族民俗文化特色鲜明。

开展草原自然公园建设一方面是为了更好地保护草原生态系统，另一方面是强化草原的多功能作用并发挥草原合理利用示范效应。适度的生态旅游设施及生态产品开发机制的构建可提高自然公园建设区域生态产品价值转化效率，促进区域人民增收。

如何让每一处草原自然公园都释放独特魅力、实现作用最大化呢？我国将现有 39 处国家草原自然公园分成了六大类。第一类是以草原植被类型为特征的草原自然公园，反映了我国草原类型的主要特征和分布规律。这一类是草原自然公园的主体，如分布在蒙古高原、青藏高原、云贵高原和部分黄土高原的草原自然公园。这些草原区绝大部分也是我国少数民族居住区和草原牧业生产区，具有典型的区域分布规律和草原文化特征。第二类是以草原牧场景观为特征的草原自然公园，如内蒙古毛登牧场国家草原自然公园、山西沁水示范牧场国家草原自然公园、新疆生产建设兵团天牧草原国家草原自然公园等。这部分草原自然公园都是草原畜牧业的核心基地，与家畜生产和牧民生活联系在一起，具有探索由"生产"到"生态＋生产"转换之路的价值。第三类是以科研基地为主要功能的草原自然公园。坐落在呼和浩特之南的内蒙古沙尔沁国家草原自然公园就是以中国农科院草原所沙尔沁科研试验基站为主，立足沙尔沁草原别具特色的历史文化和优越的自然生态环境，突出沙尔沁科研试验基地的科技创新、示范带动、科普培训和研学文旅等多功能融合的优势特色。第四类是以人工草地为特征的草原自然公园。比较有代表性的是内蒙古敕勒川国家草原自然公园，它位于呼和浩特市东北部，原来是大青山前坡的一片荒地，是通过生态大数据平台和乡土植物的技术应用，人工干预修复成功的典型草原。如今的敕勒川草原已经成为呼和浩特的重要组成部分，是自治区在草原上举办重大庆典、会议活动、休闲旅游、赛事活动以及生态涵养的重要场所。第五类是具有重要科学价值的草原自然公园，如内蒙古二连浩特国家草原自然公园。该园紧邻的是内蒙古二连浩特国家地质公园。二连浩特国家地质公园的主要保护对象为二连盆地上白垩纪产出的各类恐龙化石地质遗迹，其核心区也是我国最早建立的二连浩特恐龙化石自治区级自然保护区的核心区。同时，二连浩特国家草原自然公园也兼具部分地质展示价值。第六类是位于重要生态功能区的草原自然公园，具有重要的生态保护功能。甘肃阿万仓国家草原自然公园、美仁国家草原自然公园以及青海苏吉湾国家草原自然公园便是典型代表。甘肃阿万仓国家草原自然公园和美仁国家草原自然公园均位于三江源地区的水源补给区。青海苏吉湾国家草原自然公园位于青海省海北藏族自治州门源县，东北方向紧靠祁连山脉，分布有油松林、云杉林，以及由金露梅、鬼箭锦鸡儿、青海杜鹃、头花杜鹃等组成的灌丛，还生存着雪豹、藏野驴、白唇鹿、岩羊、高山兀鹫等珍稀动物，是我国重要的生物多样性保护区。

九、草原生态文明建设工作不断创新

近年来，草原生产能力逐年提高，种草面积、商品草面积和单位面积产量持续提高，孵化出一批专业化、机械化和高标准的商品草种植基地。截至 2019 年年底，国家种质牧草中期库共保存牧草种质资源 17 336 份。截至 2021 年年底，全国审定登记草品种 651 个，通过草品种审定登记，促进了草品种的良种繁育和商品化生产。

第五节　我国草原生态文明建设存在的问题

虽然我国草原生态文明建设取得了一定成就，但我们必须清醒地认识到，我国草原生态总体来说还较为脆弱，草原生产能力总体有待提高，农牧民的收入和生活水平也有待提高，保护和建设草原、实现草原可持续发展的任务仍有待我们努力完成，一些深层次的矛盾和问题仍亟待解决。

一、对于草原资源的含义认识有待提升

草原资源隶属于环境资源。《中华人民共和国环境保护法》第三章"保护和改善环境"第二十九条规定："国家在重点生态功能区、生态环境敏感区和脆弱区等区域划定生态保护红线，实行严格保护。各级人民政府对具有代表性的各种类型的自然生态系统区域，珍稀、濒危的野生动植物自然分布区域，重要的水源涵养区域，具有重大科学文化价值的地质构造、著名溶洞和化石分布区、

冰川、火山、温泉等自然遗迹，以及人文遗迹、古树名木，应当采取措施予以保护，严禁破坏。"第三十一条规定："国家建立、健全生态保护补偿制度。国家加大对生态保护地区的财政转移支付力度。有关地方人民政府应当落实生态保护补偿资金，确保其用于生态保护补偿。国家指导受益地区和生态保护地区人民政府通过协商或者按照市场规则进行生态保护补偿。"《中华人民共和国环境保护法》对"环境"一词的定义如下："环境，是指影响人类生存和发展的各种天然的和经过人工改造的自然因素的总体，包括大气、水、海洋、土地、矿藏、森林、草原、湿地、野生生物、自然遗迹、人文遗迹、自然保护区、风景名胜区、城市和乡村等。"本书根据此定义来理解环境资源，进而界定广义的草原资源。

从广义上讲，草原资源既包含有形资源也包含无形资源。有形资源从空间的角度讲，既包括地上资源（如动植物资源、地表水资源等），也包括地下资源（如矿产资源、土地资源、地下水资源等），还包括空中的资源（主要是能源资源，如风能、太阳能等）；无形资源主要包括自然遗迹和人文遗迹所蕴含的文化资源。丰富的草原资源涉及的产业和文化也丰富多样，如动物资源涉及畜牧业、珍稀动物保护等；植物资源涉及牧草生产加工业、草种业、草原药材业、草原旅游业等；矿产资源涉及草原采矿业；水资源和能源资源，特别是草原新能源（包括太阳能、风能、地热能等）关系到草原广大牧民的生活质量和众多企业的生产能力；草原文化资源对于草原文明的传承至关重要。

总体上看，我们对于草原资源的含义认识有待提升，以往对经济效益好的资源（如矿产资源、能源资源等）关注较多，对经济效益低但是长久发展不可或缺的资源（如珍稀动植物资源、文化资源等）关注较少，导致保护不够到位。

二、草原资源保护的法律法规有待完善

若草原生态环境持续恶化，将直接威胁到国家生态安全，因此草原保护与建设亟待加强。而我国关于草原保护的法律法规比较少，主要有《国务院关于加强草原保护与建设的若干意见》（国发〔2002〕19 号）和《中华人民共和国草原法》（2021 年 4 月 29 日第三次修正），以及一部司法解释——最高人民法院制定的《关于审理破坏草原资源刑事案件应用法律若干问题的解释》（2012年 11 月 22 日开始施行）。

《国务院关于加强草原保护与建设的若干意见》中提出，建立基本草地保护制度，该制度由国务院有关部门抓紧制定。《中华人民共和国草原法》提出

"国家实行基本草原保护制度"，规定"重要放牧场""割草地""用于畜牧业生产的人工草地、退耕还草地以及改良草地、草种基地""对调节气候、涵养水源、保持水土、防风固沙具有特殊作用的草原""作为国家重点保护野生动植物生存环境的草原""草原科研、教学试验基地""国务院规定应当划为基本草原的其他草原"应当划为基本草原，实施严格管理。法律的制定与实施是由立法、执法、司法、法律监督组成的完整的体系结构，草原牧区牧民经济权利的法律保障亦由立法保障、执法保障、司法保障和法律监督保障组成完整的结构。

当前涉及草原牧区牧民经济权利保障的相关法律制度存在一定的问题。一方面是草原牧区牧民经济权利立法保障有待完善。当前，我国已初步形成了草原牧区牧民经济权利法律保障体系，基本具备了草原牧区牧民经济权利立法体制，确立了草原牧区牧民经济权利立法的基本程序，但尚存一些亟待提高的地方：一是缺乏完备的草原牧区牧民权利法律保障体系；二是部分立法内容滞后，立法的可操作性较弱；三是立法权限不明，草原牧区牧民参与立法的机制不畅，部门立法现象较多。另一方面是草原牧区牧民经济权利执法保障有待完善。虽然当前在草原牧区牧民经济权利执法保障中确立了依法行政、从属原则及效能原则，但在执法实践中也存在着一定的问题：一是行政执法责任制的落实不够到位；二是存在部分未能依法行政的现象；三是部分执法干部素质有待提高。

三、草原发展的投入有待增加

从发展理念来讲，与草原难以替代的多种功能、巨大作用相比，社会对草原的重视还有待提高。除对草原资源的认识有待提升、草原保护的法律法规有待健全、统计资料有待完善以外，对草原保护的投入也相对不足。2022年重点生态保护修复治理资金预算85亿元，用于第一批山水林田湖草沙一体化保护和修复工程项目奖补，具体如表2-5所示。

表2-5　2022年重点生态保护修复治理资金预算明细表

单位：万元

省　份	工程名称	奖补总额	2021年已下达	本次提前下达
辽宁	辽河流域山水林田湖草沙一体化保护和修复工程	200 000	40 000	95 000
贵州	武陵山区山水林田湖草沙一体化保护和修复工程	200 000	40 000	95 000
广东	南岭山区韩江中上游山水林田湖草沙一体化保护和修复工程	200 000	40 000	70 000
内蒙古	科尔沁草原山水林田湖草沙一体化保护和修复工程	200 000	40 000	95 000
福建	九龙江流域山水林田湖草沙一体化保护和修复工程	200 000	40 000	70 000
浙江	瓯江源头区域山水林田湖草沙一体化保护和修复工程	200 000	40 000	95 000
安徽	巢湖流域山水林田湖草沙一体化保护和修复工程	200 000	40 000	95 000
山东	沂蒙山区域山水林田湖草沙一体化保护和修复工程	200 000	40 000	70 000
新疆	塔里木河重要源流区山水林田湖草沙一体化保护和修复工程	200 000	40 000	95 000
甘肃	甘南黄河上游水源涵养区山水林田湖草沙一体化保护和修复工程	200 000	40 000	70 000

资料来源：财政部。

2008年全国牧民人均纯收入只有4026元，仅为农民人均纯收入的84.6%。这些都说明，牧区发展较为滞后、牧业成长较为缓慢、牧民增收难度较大的问题仍然存在，需要国家增加草原发展的投入。

四、草原资源的开发不够科学，易造成生态破坏

农业文明、工业文明和生态文明三个文明建设应该根据发展阶段进行有序

的开发。为了经济的可持续发展，生态文明保护应该放在首位，以避免"先破坏、后治理"的思路。而我国目前对草原资源的开发和利用缺乏可持续性规划和引导，较为追求短期经济效益，这种发展方式存在隐患。

草原资源资产化研究的主线应该是"草原资产产权和产权制度—草原资产价值核算—草原资产会计核算—草原资产市场—草原资产评估—草原资产管理"。实现草原资源资产化与证券化的前提是产权明晰和建立资产评估技术规范。

首先，在产权方面，《中华人民共和国草原法》第九条规定："草原属于国家所有，由法律规定属于集体所有的除外。国家所有的草原，由国务院代表国家行使所有权。任何单位或者个人不得侵占、买卖或者以其他形式非法转让草原。"1983 年，对草原实行"家庭承包"政策后，牧民得到草原使用权，实现了草原所有权和使用权的分离，但当时对所有权者与使用权者各自的权、责、利都没有明确的规定，草原使用权缺乏明确有效的法律规定和制度保障，易导致农民草原使用权受到侵犯。

其次，在资产评估技术规范方面，国有资产管理局、林业部于 1996 年发布了《森林资源资产评估技术规范（试行）》，使森林资源资产评估方面有了技术规范。《国际会计准则第 41 号——农业》对生物资产的研究从概念的界定、初始确认到后续计量作了详细具体的介绍。我国在借鉴国外会计准则的基础上，于 2006 年颁布了《企业会计准则第 5 号——生物资产》。

在生态环境方面存在的问题主要是开发过度而保护不够，造成对草原的破坏，包括草原沙化、环境污染、水资源的破坏等。对草原造成破坏的原因有民间的"搂发菜"和滥挖中草药行为，也有政府批准的工业采矿行为。

从 20 世纪 80 年代初至 90 年代中期，持续十余年的数百万外来人口挖药材与"搂发菜"行为，致使 700 万公顷草原受到破坏，其中 400 万公顷已荒漠化。鉴于"搂发菜"等行为的巨大破坏性，国务院于 2000 年下发了《关于禁止采集和销售发菜，制止滥挖甘草和麻黄草有关问题的通知》，但是由于个人利益的驱动，"搂发菜"行为屡禁不止，对草原造成了持续性的破坏。

除民间的"搂发菜"和挖药材对草原的生态环境造成的破坏以外，工业采矿也对草原生态环境造成极大的破坏。采矿业不仅污染环境，而且破坏草原的气候环境，影响降雨，造成地下水位的下降，是草原沙化的原因之一。草原上采煤以露天开采为主，直接挖掘地表土层和植被，使采矿区地貌特征发生根本性的变化，而废弃物的堆放既占相当面积的草原，又因其中含有大量碱性、酸性、毒性或重金属成分而造成周围环境的污染，从而对矿区周围的草原、水域和大气产生污染和破坏。截至 2017 年年底，全国矿产资源开发占用土地面积约 362 万公顷。为了保护环境，我国加快了矿山生态修复，并取得了较为显著的成效。截至 2017 年年底，全国用于矿山地质环境治理资金超 1000 亿元，累计完成治理恢复土地面积约 92 万公顷，治理率约为 28.75%。《"十四五"林业草原保护发展规划纲要》提出，到 2025 年中国草原综合植被盖度达到 57%。国家林业和草原局草原管理司司长唐芳林表示，"十四五"时期，中国将实施退化草原修复 2.3 亿亩（1533 万公顷），提高草原生态系统的质量和稳定性。

五、草原生态系统有所退化，导致草原文化难以得到发展

文化是一个国家、一个地区、一个民族的身份象征，在多种文化交融激荡、多元文化兼容并蓄的当今世界，我们要保护好我们的身份，维护好我们的文化标志，守护好我们的精神家园。

草原文化是中华民族文化的重要组成部分，与黄河文化、长江文化一样，是中华文化三大主源、三大组成部分之一。作为草原文化发祥和传承的载体，草原生态文明建设至关重要。保护、传承和发展好草原文化，才能将草原文化的精髓传递给每一个人、每一代人，从而提升区域软实力。

然而，草原生态系统有所退化，这使草原文化失去了传承的载体，草原文化难以得到发展。具体而言，当前草原文化保护、传承和发展面临的主要问题如下。

一是草原文化资源流失。这首先体现在草原文化传播和开发保护不力。例如，草原优秀文化资源被其他国家的文化产业界开发和利用，创作出优秀的文化作品——意大利音乐家贾科莫·普契尼创作了著名歌剧《图兰朵》。又如，草原优秀文化资源被本国其他地区的人开发利用——北京麒麟公司制作了网络游戏《成吉思汗》，等等。但由于我国知识产权保护法有待完善，传播和开放保护意识有待加强，草原文化的发祥地在这些优秀作品产出中没有成为主要的受益者。其次体现在城镇化的发展加速了草原文化的流失。例如，作为草原文化中重要组成部分的非物质文化遗产的传承，要依赖于一定的地域环境。城镇化的发展，使草原文化原有的文化生态环境发生了变化。原有非物质文化遗产的社会性、地域性、多样性、活态性以及集体性都发生了变化，因而也使其传承性发生了变化，从而加速了非物质文化遗产的流失。

二是草原文化保护的投入不足，文化产业发展较为滞后。虽然中央财政和各级地方财政大都有文化事业投入，甚至设立了非物质文化遗产保护专项经

费，但总体上还是投入不足，部分保护经费至今没有落实到位。以内蒙古自治区政府对文化事业的经费投入为例，近年来虽有所增加，但与发达省区相比投入相对不足。2016 年、2017 年、2018 年、2019 年内蒙古自治区文化事业费占财政支出比重分别为 0.58%、0.61%、0.58%、0.56%，不仅同沿海地区相比差距很大，同云南和宁夏等中西部地区相比，优势也不明显。另外，文化产业发展融资困难，吸引社会资金投入有限。这主要是由于金融机构传统的融资做法是以抵押担保为先决条件，而文化产业多以智力投资为主，拥有的主要是知识产权、名牌价值等无形资产，没有实物资产进行抵押和担保。再加上我国无形资产评估体系还不健全，专业性的文化保险机构与融资担保机构缺乏，知识产权质押制度不完备，这些都为文化产业融资增加了难度。同时，文化产业发展较为滞后。一方面是文化产品对草原文化艺术精髓理解和阐释能力较弱，产品缺乏地方特点和民族特色；另一方面是文化创意人员对草原文化领悟力和想象力不够高，很难充分利用现代高科技对传统文化资源进行再创造。社会资源整合能力较弱，创作、管理和营销人员顺应市场变化进行相互配合、有效开发艺术产品和进行市场营销的效率较低。以内蒙古自治区为例，文化产业发展明显落后于全国文化产业发展的总体水平。2019 年，内蒙古自治区文化及相关产业增加值为 383.1 亿元，比上年增长 9.4%，占地区生产总值的比重为 2.23%，比上年提高 0.06 个百分点，远低于全国 4.5% 的平均水平。2019 年，内蒙古自治区文化产业法人单位数量居全国第 23 位，占全国的 1%；资产拥有量居全国的第 26 位，占全国的 0.49%；年营业收入居全国的第 27 位，文化产业发展较为滞后。

三是草原文化的保护、传承和发展还存在政策、人才等支持体系有待健全等问题。草原文化最根本的特点是尊重自然规律，与大自然和谐共处，只有正视草原生态系统经历了破坏、有所退化这一事实，采取有效积极的措施，才能为保护草原文化奠定根基。

第三章　草原生态文明建设的地位

第一节　草原生态文明建设是我国生态安全的重要屏障

一、草原可有效固碳，调节气候

草原作为我国面积最大的绿色屏障，固碳能力与调节气候的作用和潜力巨大。当前，"温室效应"已成为世界上主要的环境问题之一，它是由于太阳短波辐射透过大气射入地面，使地面增暖后放出长波辐射，然后被大气中的二氧化碳等物质吸收，从而产生大气变暖的效应。因此，减少地面长波辐射，能达到减缓大气变暖的效果。绿色植物覆盖率高的地区气温较适中，而沙漠及绿色植物较少的地区则气温偏高，这是因为缺少绿色植物，地面裸露，受阳光照射，地表温度上升加快，所产生的长波辐射较强。我国有 2/5 的国土为草原植被覆盖，即 2/5 地面为草原植被保护，这对减少长波辐射、调控大气温度无疑起到关键性作用。

中国草原面积约占世界草原面积的 1/10，居世界第二位，是国土面积的 2/5，是我国耕地面积的 3.2 倍、森林面积的 2.5 倍，是耕地和森林面积之和的 1.42 倍。因而，草原是光合作用最大的载体，也是我国面积最大的碳库。根据联合国政府间气候变化专门委员会（IPCC）发表的报告，草地每年每公顷可固碳 1.3 吨，以此推算，我国 4 亿公顷草原，每年可固碳约 5.2 亿吨，折合二氧化碳 19 亿吨，抵消我国全年二氧化碳排放总量 30%。

由此看出，草原可有效地缓解温室效应。因此，我国要积极应对气候变化，充分发挥草原在生态文明建设中的巨大作用。

二、草原可防风固沙，保持水土

草本植物是增加和发展陆地上绿色植被的先锋，是防风固沙、保持水土的绿色卫士。许多研究结果表明，草地对防止水土流失、减少地面径流的效果明显，其防止水土流失的能力高于灌丛和森林。牧区大多位于我国黄河、长江、澜沧江、怒江、雅鲁藏布江等大江大河的源头和上中游地区，是我国水土保持的重点地区，也是国民经济发展和人民生活的重要生态安全屏障。水土流失包括土壤侵蚀与水的侵蚀两个方面。由于复杂的原因，中国是世界上水土流失最严重的国家之一。水土流失的危害十分严重，不仅会造成土地资源破坏，影响农业生产与生态环境，还会加剧水旱灾害的频繁发生。草的水土保持功能十分重要，在许多情况下，其比树的作用更突出。草之所以具有如此强大的水土保持功能，主要由于草的根系发达，而且主要都是直径小于或等于1毫米的根系。试验表明，直径小于或等于1毫米的根系，才具有强大的固结土壤、防止侵蚀的能力。另外，大量的草本植物茎叶覆盖地表，可以减少降雨对地表的冲刷。正因如此，草本植物被称为保水固土的勇士。

根据《第一次全国水利普查水土保持情况公报》结果显示，我国主要草原地区的水土流失面积为229.99万平方千米，占全国水土流失总面积的77.99%。由此可见草原地区在我国防止水土流失中所占的重要地位。我国有绵延4500千米、跨越23个纬度的广阔草原，如果这一生态系统遭到破坏，将危及我国北方和大半个中国的生态安全。草原在防止水土流失和土地荒漠化方面有着不可替代的作用，草原植物能在恶劣的环境下生存，是改善生态环境的先锋物种。

牧区生态安全是我国生态环境整体安全的重要屏障，是我国生态文明建设的重要组成部分，对于我国生态可持续发展具有重大的战略意义。草原是陆地上最大的生态系统，也是保护自然环境的生态屏障。牧区草场资源在我国连片分布于西部和北部干旱和半干旱地区，地理位置十分重要，对于维护生态平衡和保持良好的生存环境具有不可替代的重要作用和十分明显的优势地位。

三、草原可维护生物多样性

草原拥有丰富的动植物资源，种类组成复杂，生物多样性高。草原植被的地理区系比较复杂，仅就中国草原植物而言，绝大多数草原植物是亚洲中部干旱、半干旱区的特有成分。草原不仅孕育了种类丰富的野生牧草遗传资源，也供养着种类繁多、遗传性状各异的动物遗传资源，包括放牧家畜。草原生态系统孕育着极其丰富的生物多样性，其生态功能和资源价值非其他生态系统可以替代，具有全球意义的保护价值。草原生物多样性是陆地生态系统中生物多样性的重要组成部分，是人类赖以生存和发展的特殊生境和重要物质基础。草原生物多样性在保持水土、涵养水源、净化空气、防止荒漠化、维持生态平衡、保持国土资源合理承载力、维护国家生态安全方面占有独特的生态经济战略地位，并与森林生物多样性相互联系构成天然绿色屏障。

我国是世界上动、植物等生物资源比较丰富的国家之一。据调查，仅天然草地上生长的饲用植物就达6704种，是天然的植物基因库。我国草原现有高等动物2000多种，其中，羚羊、白唇鹿、野驴、野牦牛、麝、马鹿等珍奇动物，是国家重点保护的动物资源。我国天然草原分布范围广泛，气候类型多样，植物种类丰富，植被类型复杂。在如此辽阔的草原上，不仅饲养着大量的家畜，而且繁衍着大量的野生动物。在这些野生动物中，不仅有许多珍贵种类，也有许多稀有种类、濒危甚至濒临灭绝的种类。

我国拥有天然草原接近4亿公顷，占我国国土面积的41.7%，是我国面积最大的陆地生态系统之一，其自然条件复杂多样，草原面积大、分布广，这些条件使我国草原生态系统具有高度丰富的生物多样性。草原生物多样性一般主要由草原物种多样性、草原生态系统多样性、草原基因多样性构成，同时其生命系统的各个层次的结构、功能及生态过程也具有多样性。草原生物多样性对人类社会的生存和发展发挥着重要作用。

四、草原可涵养水源

草原生态系统是地球上仅次于森林的第二大绿色覆被层，约占全球植物生物量的36%，陆地面积的24%。我国草地资源是我国陆地面积最大的生态系统。各类陆地生态系统均具有水源涵养功能，但由于其结构、发挥机制不同，表现出的水源涵养能力也各有不同。我国陆地生态系统单位面积水源涵养能力表现为水体＞湿地＞森林＞草地＞农田＞荒漠。

在全球水资源短缺的时代背景下，水资源的保护显得迫在眉睫。而草地作为重要的生态服务功能区，其水源涵养能力在水文调节和植物生长上均有重要作用，水源涵养功能的发挥受到土壤理化性质的显著影响。其中，水分不仅是影响植物生长的重要因素，也是沙化草地覆被恢复与重建的关键因子。草地水源涵养主要体现在植被水源涵养量和土壤水源涵养量两方面：一方面是植被不仅能涵养水源，还能调节气候，有"绿色水库"之称，植被恢复重建有利于控制土壤沙化，减少水土流失；另一方面是土壤有疏松性和持水性等独特的物理性质，有利于水分的涵养。

草本植物生长迅速，茎叶繁茂，可以遮挡雨水，避免暴雨直接击打地面；株丛密集，加大地面糙率，阻缓径流，拦截泥沙；根系发达，纵横交错，形成紧密的根网，可以疏松土壤，提高土壤的透水性和渗透速度，加大渗透量，提升蓄水保墒能力，固结土壤，抵抗侵蚀。同时，草本植物遗留在地下的残根和地面的枯枝败叶，给土壤带来了丰富的有机物，这些有机物经过分解后形成腐殖质，使土壤团粒显著增加，改善了土壤的理化性质，也大大增强了土壤本身的防侵蚀能力。据测定，生长一年的草木樨地较一般农地容重平均减小 4.5%，孔隙度增大 3.3%，入渗量和入渗率增加 51%，这样渗透的雨水增多了，渗透的速率加快了，地表径流就减少了，径流对土壤的侵蚀也就随之减小了。草原生态文明建设有利于草地资源的保护和永续利用，对保护和改善我国生态大环境具有战略性意义。

第二节　草原生态文明建设是我国食物安全的重要保障

一、草原是食物质量安全的重要保障

草原与农田和水域并称为人类三大食物来源，草原在食物安全中发挥着举足轻重的作用。随着我国经济发展和收入水平的提高，城乡居民动物性产品的消费量呈现持续上升趋势，并形成了对直接粮食消费的替代。我国粮食消费结构已经由以直接的口粮消费为主，转变为以间接的饲料粮消费为主。从近十几年我国城乡居民粮食消费情况看，口粮消费逐步下降，饲料粮消费持续上涨。我国城市居民口粮消费基本趋于稳定，2009 年以来城市居民人均口粮年消费量基本稳定在 130 千克水平。2019 年，全国人均粮食消费 130.11 千克 / 年，比 2013 年的 148.78 千克 / 年下降了 18.67 千克 / 年。城乡居民间接的饲料粮消费均出现不同程度的上涨。

当前，草原畜牧业的增长速度缓慢，其主要原因是草原载畜量已基本饱和，不可能再承载更多的牲畜。如果人为地大量超载，就会受到自然的惩罚，形成自然淘汰的结果。可以说，牧草是牲畜的饲料基础，利用草原饲养家畜，发展畜牧业，可以获取肉、奶、脂肪等动物性产品，毛、绒、皮张等生活必需品和工业原料，改善人们的食物结构和营养状况，提高物质生活水平。因此，改善草原生态环境、发展草原畜牧业将成为保障我国食物安全、改善食物结构的重要途径之一，即草原是畜牧业发展的基础。

二、草原是食物可持续安全的重要保障

食物可持续安全是指确保食品供给的可持续性，是从发展的角度要求食品的获取需要注重生态环境的保护和资源利用，食物可持续安全是食品卫生的重要部分，也是一个全球性的问题。

草原是重要的生产资料，承担着保障畜产品供给的重任。稳固的草料基地是畜牧业高速发展的物质基础。草原畜牧业所饲养的草食家畜，以饲草为主要食物。草原的质量如何、产草量的多少，直接影响着草原畜牧业的发展。草原畜牧业产品在全国畜产品中具有独特的地位。草原畜牧业产品包括活畜以及肉、奶、毛、绒、皮和内脏等，主要产品是肉、毛和绒，特别是牛羊肉和羊毛绒，在全国同类产品中占有重要地位。2020 年，全国 271 个牧区、半牧区县（旗）牧业人口占全国总人口数量的 1.7%，生产肉类占全国的 5.9%、生鲜乳占20.1%、羊毛占 45.9%、羊绒占 33.2%。对于保供给来说，这是成绩，但对保生态来说，这又是压力。而且，由于草原分布在边疆地区，受各种污染的程度较小，产出的食品品质优良，日益成为消费者喜爱的消费品。草原在对保障食品可持续发展的作用上有着不可替代的地位。

第三节　草原生态文明建设是大农业协调发展的坚实基础

一、草原是现代化农业基础资源的重要组成部分

2018 年中央一号文件指出："要使市场在资源配置中起决定性作用，更好发挥政府作用，推动城乡要素自由流动、平等交换，推动新型工业化、信息化、城镇化、农业现代化同步发展，加快形成工农互促、城乡互补、全面融合、共同繁荣的新型工农城乡关系。"而草原正是农业现代化建设中的重要资源。大力推进农业现代化，必须着力强化物质装备和技术支撑，着力构建现代农业产业体系、生产体系、经营体系，实施藏粮于地、藏粮于技战略，推动粮经饲统筹、农林牧渔结合、种养加一体、一二三产业融合发展，让农业成为充

满希望的朝阳产业。草地资源在陆地上绿色植物资源中具有覆盖面积最大、数量最多、更新速度最快、生产力较高的特点。

按照生态文明要求，弥补传统畜牧业的缺陷，克服当前畜牧业的不足，促进当前现代草原畜牧业从经济目标优先的阶段向生态目标优先的阶段发展，就成为时代的要求。草原畜牧业在今后发展过程中一方面要继承游牧文明所创造的人与自然和谐的大生态观、"四季轮牧"合理利用草原的朴素的生态学思想，以及"共同协作"节约劳动力成本、规避自然风险的组织形式等合理成分，另一方面要在草畜平衡的基础上提质增效，为市场提供数量有限但保证优质的畜产品，稳定牧民的收入。在草原畜牧业与生态系统良性循环的基础上，要为草原生态旅游业等生态产业的发展创造良好的环境条件，促进牧区经济结构优化和经济发展，使牧民收入来源多元化，提高牧民人均纯收入，并为我国的生物多样性保护和北部生态屏障功能的正常发挥做出贡献，实现人口与经济、经济与自然的和谐统一，最终实现"人的发展与自然的和谐统一"。

二、草原是发展食草家畜主要的物质基础

草地资源是草原畜牧业可持续发展的物质基础，用于生产肉、奶、毛、皮等产品。长期以来，牧民依靠草原维持着生命的延续，且依靠它不断地改善生活质量。草原畜牧业可持续发展包括草地资源的可持续利用、生态环境的可持续发展、经济和社会的协调可持续发展三个方面内容。因此，要想实现草原畜牧业可持续发展，就必须使人、资源、环境三者相互促进、相互协调持续发展。草地资源的可持续利用是草原畜牧业可持续发展的首要条件，是制约草原畜牧业可持续发展的最主要因素。因此，要想实现草原畜牧业的可持续发展，必须合理有效地配置和利用草地资源。在长期的生产实践中，人类通过草食家畜，把人类不能直接利用的草本植物转化成人类可以直接利用的肉、奶、皮、毛等畜产品。这不仅改变了人类的食物结构和营养状况，而且减轻了因人口增长给农田生产粮食不足造成的压力。牧草是草原畜牧业重要组成部分，无论是杂食动物猪禽或是草食动物牛羊，饲（草）料资源是养殖生产过程中的最大物质基础，占总体养殖成本的65%以上，故饲（草）料资源的开发利用是畜牧业可持续发展的基本物质保障。

任何一种资源开发型经济活动都离不开特定的自然资源条件，而草原畜牧业依附自然资源的属性尤为突出。几千年来，草原畜牧业之所以没有被耕作农业取代，是因为气候、水资源、土壤结构、植被群落及相关的自然因素不适

宜耕作农业的发展。也就是说，在气候干旱寒冷、水源匮乏、土壤沙质化的地区，只有选择了草原畜牧业，才能获得较高的、稳定的经济收益。与粮食作物相比，牧草是一种非常廉价的营养源。不管是天然草场还是人工草场，其投入要比一般的粮豆作物少很多。在特定情况下，牧草是一种没有投入的营养源。草原畜牧业就其实质来说，是对复合生物群落的管理，即一方面是对植物群落的管理，另一方面是对动物群落的管理，同时又是对人工动植物群落和野生动植物群落相互依存和达到有效互补过程的管理。

发展牧草产业，对解决连年耕作导致的产量递减、土壤毒化、病虫害严重和规模饲养下优质饲草缺乏导致家畜生产性能低下、疾病多等都有益处。改善天然草地和增加人工草地为草食家畜提供足够的饲（草）料，合理地增加草食家畜所占的比例，降低猪禽的生产，减少畜牧业对粮食的依赖，对我国畜牧业和农业产业结构调整，以及保障我国粮食安全和食物安全具有重要意义。

三、草原是区域经济发展的基础

首先，草原是发展草原畜牧业及其相关产业的基础性经济资源。草原是发展畜牧业生产的物质基础；草原资源的主体是牧草资源，是有生命的可更新资源，如果对草地资源利用合理、保护得力，就能促进畜牧业生产的持续发展。草原为全世界提供着大量的肉奶食品、毛皮产品和其他产品，并为畜产品加工产业和其他相关产业的发展提供了大量原材料和广阔的空间。草原是牲畜的"粮仓"。牲畜是草原上数量最多、分布最广、经济价值最高的活财富。草原给人类提供了大量的肉、乳等丰富的食物。人类的历史始终是食物供应与必须养活的人口两者之间的竞赛。食物取得的困难影响了人类宗教的观念，历史上人类使用牲畜作为献给神的供品，在不同的时期和地域，人类都有将食物放在坟墓中或放在坟墓上的习俗。草原除了产牧草和饲养牲畜以外，还是珍禽异兽安居的乐园。中国的草原上，大河溪流纵横交错，湖泊、坑塘、水库星罗棋布。这些丰富的水资源不仅可以滋润草原、灌溉牧草、供人畜饮用，而且还是一个潜力巨大的渔业生产基地。

其次，草原还为人类提供着丰富的旅游资源，以及独特的自然风光和民族风情等人文景观，可吸引国内外游客，为当地居民带来丰厚的收入，提高其生活水平。

最后，草原为工业生产提供了丰富的矿物、建筑材料、燃料、药物、化学品等多方面的产品。内蒙古地区矿产资源具有品种多、储量大、品质高、分布广、成组配套的总和优势。全区已发现各类矿产120多种，已探明储量的有70

多种，其中有 40 多种储量居全国前 10 位，20 多种名列全国前 3 位，7 种居全
国首位。这些丰富的自然资源成为内蒙古工业发展的优势条件和有力保障。在
自然资源严重短缺的今天，为满足人类不断增加的需求，草原提供了大量的可
再生和不可再生资源，对经济可持续发展做出了巨大贡献。草地资源的经济功
能是多方面和巨大的，我们在开发和利用的时候，不仅要看到它的工具价值，
而且要认识到其内在价值。它对经济发展具有积极的一面，也有因不合理或过
度利用而带来的制约经济发展的消极影响。因此，坚持合理利用与适度开发的
发展模式，将草原视为一个集经济、生态和文化于一身的立体和综合的有机整
体，是今后更好地保护草原、同时更大发挥草原功能和作用的一个重要内容。

　　天然草地上有非常丰富的动、植物资源，是发展我国食品、纺织、制革、
制药、化工等轻工业以及对外出口贸易等多种经济的原材料基地。此外，牧区
每年还向农区出售大量有机肥料和农耕动力，有效地支援了农业生产的持续发
展。从地位上看，畜牧业已经成为衡量一个国家和地区农业发展水平的重要
标志，西方发达国家畜牧业产值占农业总产值的比重都在 66% 以上。特别是
随着人们生活水平的提高，对动物性食品的需求量将大幅度上升，这就形成了
一种客观发展的必然趋势——在农业产业结构调整中，畜牧业的比重将日益提
高，种植业的比重将相对缩小。2020 年我国畜牧业占农业总产值的比重仅为
29.2%，与"三农"成就相比，畜牧业和牧区经济的发展相对滞后。大农业的
协调发展离不开畜牧业的发展与牧区经济的增长，只有牧区实现可持续发展，
才能实现我国大农业的协调发展。

第四节　草原生态文明建设是优化国土空间开发格局的重要内容

一、草原建设是优化资源分配的重要内容

　　人口、资源、环境问题是相互关联的一个有机整体。资源的开发利用方
向、规模和速度，人口分布和劳动就业，环境质量等都与生产力的地域布局有
密切关系。因此，要协调好经济发展与人口、资源、环境的关系，必须重视地
域的研究和规划，顺应我国城镇化水平逐步提高，乡村人口数量逐步下降的趋
势，推进城乡建设用地的置换和城镇开发占地与农村居民点缩小的用地置换，

在总量上控制城镇建设用地规模增加，提高土地利用的集约程度。在乡村人口减少比较明显的地区，逐步推进村镇合并、土地的集中利用和规模化利用，在不适合人类居住和产业开发的地区，鼓励移民，恢复自然生态。与此同时，加强中心村和中心镇的公共设施建设，提高公共服务能力，建设美丽乡村。

协调发展是"十三五"规划《建议》提出的五大发展理念之一。推动区域协调发展是协调发展的重要内涵。《建议》指出，要"塑造要素有序自由流动、主体功能约束有效、基本公共服务均等、资源环境可承载的区域协调发展新格局"，明确了"十三五"时期推动区域协调发展的总体思路。我们要按照《建议》指明的方向，在实践中探索区域协调发展的新路径。随着对经济增长源泉的探寻及对人口与经济关系变化认识的深入，新增长理论和人口红利理论分别把劳动力素质因素和年龄结构因素纳入经济增长研究的视野，并作为经济增长的内生性变量。人口变量不仅是影响消费市场的决定因素，作为经济增长的内生性因素，还会从供给和需求两个方面影响各个要素市场，进而影响整个经济供给与需求的长期均衡。因此，人口新常态不仅是我国经济新常态的决定因素之一，也是新常态下经济运行的基础性条件。这应该是我们认识和把握人口新常态与经济新常态关系的基本逻辑。

当前，世情、国情继续发生深刻变化，经济发展进入新常态，国土开发利用与保护面临重大机遇和严峻挑战，必须顺应国际大势，立足基本国情，把握时代要求，科学研判发展形势。党的十八大提出，要将生态文明建设纳入中国特色社会主义事业"五位一体"总体布局，融入经济建设、政治建设、文化建设、社会建设各方面和全过程。党的十八届五中全会提出绿色发展理念。这都要求珍惜每一寸国土，优化国土空间开发格局，全面促进资源节约，加大自然生态系统和环境保护力度，加强生态文明制度建设。

二、草原建设是国土资源保护的重要内容

党的十八大报告明确指出，面对资源约束趋紧、环境污染严重、生态系统退化的严峻形势，必须树立尊重自然、顺应自然、保护自然的生态文明理念；促进生产空间集约高效、生活空间宜居适度、生态空间山清水秀，给自然留下更多修复空间，给农业留下更多良田，给子孙后代留下天蓝、地绿、水净的美好家园。国土是生态文明建设的空间载体。从大的方面统筹谋划、搞好顶层设计，就要先把国土空间开发格局设计好。要按照人口资源环境相均衡、经济

社会生态效益相统一的原则，整体谋划国土空间开发，统筹人口分布、经济布局、国土利用、生态环境保护，科学布局生产空间、生活空间、生态空间。

党的十八大报告在"大力推进生态文明建设"的结语部分正式提出："我们一定要更加自觉地珍爱自然，更加积极地保护生态，努力走向社会主义生态文明新时代。"而在修改后的《中国共产党章程》（总纲）中则明确规定"中国共产党领导人民建设社会主义生态文明"。应该说，这种表述已经十分清晰地阐明了我国生态文明建设的社会主义性质、人民主体和领导力量，或者说是一种"社会主义生态文明观"的主要含义。遗憾的是，国内学界对党的十八大报告中生态文明建设方面内容的宣讲研究并不多。

绿色生态空间泛指森林、草地、湿地的面积总和。森林面积包括郁闭度0.2 以上的乔木林地面积和竹林地面积、国家特别规定的灌木林地面积、农田林网以及林旁、水旁、宅旁林木的覆盖面积。草地面积指牧区和农区用于放牧牲畜或割草，植被覆盖度在 5% 以上的草原、草坡、草山等面积，包括天然的和人工种植或改良的草地面积。湿地面积是指不问其为天然或人工，长久或暂时之沼泽地、湿原、泥炭地或水域地带，带有静止或流动、咸水或淡水水体者总面积。湿地可以包括邻接湿地的河湖沿岸、沿海区域以及湿地范围的岛屿或低潮时水深超过 6 米的水域，所有季节性或常年积水地段，包括沼泽、泥炭地、湿草甸、湖泊、河流及洪泛平原、河口三角洲、滩涂、珊瑚礁、红树林、水库、池塘、水稻田以及低潮时水深浅于 6 米的海岸带等。科学合理地制定绿色生态空间建设布局，全面优化生态空间，提高湿地、水域、森林、草地等生态用地的自然修复能力和生态功能。按照区域生态功能的类型，制定针对不同区域的优化方案，提高生态质量。通过建立和完善生态补偿机制、人口转移、产业结构调整等多种方式降低人类对生态功能区的开发程度，全面保护自然环境。鼓励探索建立地区间横向援助机制，生态环境受益地区应采取资金补助、定向援助、对口支援等多种形式，对重点生态功能区因加强生态环境保护造成的利益损失进行补偿。

第五节　草原生态文明建设是传承草原文化的主要母体

一、保障草原文化的延续与传承

草原文化的基本精神和价值取向包括英雄乐观精神、自由开放精神和崇信重义精神等。在改革开放和社会主义现代化建设的历史条件下，这种传统的优秀民族精神，必然表现为开拓进取、创新发展的时代精神且大放异彩。在现实生活中，草原文化中的节庆、祭祀、娱乐、餐饮、服饰、工艺、歌舞、文学艺术等都在实现与现代文明之间双向互需的有机结合。草原文化以特有的方式吸纳现代文明的成果，实现发掘、更新、重构以增强自我发展的能力；现代文明也在与草原文化的结合中获得新的实现领域和形式。事实上，草原文化已寓于草原地区文化旅游业、文博会展业、图书影视业、城镇建筑业等产业之中，成为草原地区经济社会发展新的亮点，表现出巨大的魅力、潜力和优势。

草原文化的变迁是在社会制度的变迁和其他文化的影响之下形成的一种保持其生命力的自然过程。草原文化至今还发挥其应有的作用，这是因为它在保留核心内核的同时，坚持与时俱进，并不断调整和改变不利于事物发展要求的不合理因素。我们不能不加区分就保留和传承草原文化的一切传统因素，也不应该盲目崇拜、接受或吸纳现代的一切东西，应正确认识和评价各种文化现象，对其合理而科学的内涵予以肯定和保留，对其不利因素予以否定和摒弃。

草原文化是中华文化的主源之一。近年来大量的考古资料和已有的研究证明，作为草原文化发祥地的我国北方广大地区，不但分布有许多早期人类活动的遗迹，如大窑文化、萨拉乌苏文化、扎赉诺尔文化等，而且拥有很多可以认证中华文明起源的文化遗存，如兴隆洼文化、赵宝沟文化、红山文化等。这些特色鲜明、自成体系而又有明显渊源和"血亲"关系的史前文化被称为"红山诸文化"。它们以其丰富的内涵表明，在中华文明的起始阶段，我国北方广大草原地区社会发展程度曾经处于领先地位，是"中华五千年文明的曙光"。中华文化因为有了与黄河文化、长江文化一样具有重要战略地位的草原文化的灿烂源头，才能既有博大的丰富性和多样性，又充满生机与活力，能够在历史长河中经久不衰。

近年来，草原文化走出国门参与国际文化的重大交流活动，产生了越来越广泛的影响。蒙古族的长调、马头琴已列入世界非物质文化遗产。蒙古族等草原民族的文化艺术，如歌舞、杂技、文物、服饰等，都以其独有的艺术特色和魅力在世界各大洲留下了美好的足迹，极大地增强了中华文化的影响力和感染力。另外，广袤的大草原和独具风格的草原民族风情，也越来越吸引世人的眼光。草原文化为开辟大草原旅游市场和与全世界进行交流提供了广阔的舞台。随着深化改革、扩大开放、科学发展的新的历史进程的发展，草原文化必将以更加崭新的姿态越来越深刻、越来越广泛地呈现在世人面前。

二、草原是牧民的精神家园

文化是一个民族的灵魂和血脉，是一个民族的精神记忆和精神家园，体现了民族的认同感、归属感，反映了民族的生命力、凝聚力。草原游牧民族由于生存的需要，崇尚自然，顺应自然的选择，珍爱草原生命，重视对草原、森林、山川、河流和生灵的生态保护，为生态保护积累了丰富而宝贵的经验。这种特殊的生产生活方式，使草原文化成为以崇尚自然为根本特质的生态型文化。这种"长生天"文化理念从观念领域到实践过程都同自然生态息息相关，将人与自然和谐相处当作一种重要行为准则和价值尺度。草原游牧民族对自然生态的良好观念和做法，对现代生态文明建设有着深刻启示。近年来，我国北方草原、森林逐渐恢复，越来越成为我国北方的一道绿色天然生态屏障。在这里生活的各族人民创造了"围封转移""轮牧休牧""生态移民"等做法，使草原民族固有的先进生态理念更彰显出新的生命力和价值。草原文化是以游牧生产方式为基础的文化形态，游牧生产者以不破坏生态为前提，在物质生产和精神生活中，将人与自然和谐相处当作行为准则和价值尺度，以求达到人与自然和谐发展，这也成为草原民族最宝贵的文化结晶。

草原文化崇拜自然、善待自然、尊重自然的理念和人与自然和谐相处的合理内核，是当今解决生态环境遭破坏和自然资源日益枯竭问题的最有效方法之一。草原文化作为一种文化形态，在发展过程中经历了沧桑岁月，面临过重大挑战，虽然它处于弱势地位，但至今仍发挥着其他文化无法代替的重要作用。在生态破坏、自然资源面临枯竭的今天，将会显示出自己无可替代的一面，其人与自然和谐相处的品质和秉性将永远照耀着人类。

第六节 草原生态文明建设是牧区振兴的重要抓手

一、草原建设是牧区产业发展的主要保障

牧区产业有序发展，就是要增强产业及其企业、产品的竞争能力，保持适度的经济增长，积累国民财富，增进社会福利，满足广大牧民不断增长的物质与文化需求。而草原生态环境保护、建设、改善，就是为了维护人与自然和谐的关系，保持人们良好的生存环境；为了自然资源的恢复扩展、自然再生产永续进行，从而保障经济再生产的自然物质基础丰富、充裕，满足人们对良好的自然景观、舒适的生态环境日益增长的需求。牧区产业发展与草原生态环境保护的目的是一致的，都是为了改善人类自身的生存、发展及生产、生活条件，满足人们的物质与精神需求，特别是经济需求与生态需求。牧区产业有序发展与草原生态环境保护最终目的的一致性，为其在实际操作中有机结合、协调推进奠定了基础。

草原牧区产业有序发展与生态环境保护是相辅相成的，产业优化升级需要生态环境的保护建设改善，生态环境的保护建设改善也需要产业的优化升级。随着社会的文明进步，生产力水平的不断提高，生态环境与产业发展之间的依存度越来越高，相关性越来越强。区域优势产业、特色产业的发展，要充分体现比较优势，否则就缺乏竞争能力与发展前景；而自然资源禀赋与生态环境条件是产业形成、调整最主要的依据之一，也往往是产业及其企业、产品的比较优势之所在。只有适宜地域生态环境的特点，充分发挥自然资源与经济资源优势的产业才具有较强的生存力、拓展力与竞争力。若生态环境好、自然资源佳，产业经济发展就有雄厚的自然物质基础与优越的条件，往往才可能形成合理的不断升级的产业结构，培育出长足发展的优势特色产业；若自然资源破坏耗损日益衰减，生态环境不断恶化，产业的发展就会越来越缺乏自然基础的支撑，原本有一些特色的产业也会逐步丧失其发展的比较优势条件，甚至出现生存危机。可见，保护生态环境、建设生态环境，从而改善生态环境，是草原牧区产业有序发展的基础与前提。首先，产业结构要进行合理调整，实现自然资源永续利用或合理替代，促进并发展以生态畜牧业、生态林草业、生态工业、生态旅游业、环保产业等为主体的生态、绿色产业体系的形成；其次，生态环

境的保护与建设需要资金的投入、科技的应用，这就要求产业发展、科技进步、经济增长，从而加速改善资金短缺、技术落后的局面，增加生态环境保护建设的资金投入、技术输入；最后，为了增强生态环境保护建设的经济激励、调动人们参与的积极性，生态环境建设保护也应视其类型的不同逐步实现产业化或准产业化及市场化或准市场化、民营化等，这样生态环境的建设保护可作为一系列产业或行业，直接参与产业发展及调整，成为优化的产业结构中的重要组成部分。

二、草原建设是牧区打造生态走廊的重要平台

要实现草原现代化，就要实现牧民富与生态美的统一。这就需要走牧区绿色发展之路，以绿色发展引领生态振兴，增加农业生态产品和服务供给。在指导思想上"必须坚持人与自然和谐共生"的理念，既要统筹村外的山水林田湖草系统治理，也要加强村内的突出环境问题综合治理。实现生态振兴，既需要各级政府增加投入，也需要建立市场化多元化生态补偿机制。"绿水青山就是金山银山"不仅是理念，更应成为现实。为了"打赢蓝天保卫战"，必须禁止秸秆焚烧。要把没有利用的作物秸秆，更多地转化成饲料、肥料和无污染的燃料。

草原在生态环境建设中具有特殊重要的作用。就中国而言，草原是最大的绿色生态屏障，是抵御沙漠的前哨阵地，也是重要的水源涵养地。在我国北方，自东北三省，翻过大兴安岭，经内蒙古高原、黄土高原，至新疆山地，这一大片辽阔的国土，几乎全部为不同类型的草地覆盖。草原的保护和建设工作能否做好，草原能否发挥其特有的防风固沙、防止水土流失的作用，直接关系到中部、东部地区能否免受沙漠和恶劣气候的侵袭，关系到大江大河的生态质量。

党的十九大为推进生态文明建设和绿色发展确定了路线图，生态文明和美丽中国建设被提到前所未有的高度，突出强调要推动建设人与自然和谐共生的现代化新格局。在新时代，各级林业部门将牢固树立社会主义生态文明观，认真践行"绿水青山就是金山银山"的理念；以筑牢祖国北方重要生态安全屏障为总体目标；以增绿增质增效为基本要求，扩大森林资源总量，提升森林质量和生态服务功能。坚持保护优先，守住林业生态底线；坚持建设为主，夯实林业发展基础；坚持改革创新，增强林业发展活力；坚持绿色惠民，服务建设小康社会。

三、草原建设是牧区经济发展的重要基础

牧区经济发展的根本是实现农业转型，其中实现农业产业化是根本方向，没有加工业，就没有牧区经济的大发展。尤其是像鲜奶这样的产品，不进行杀菌保鲜加工，几乎无法进入市场。因此，乳业的发展，取决于保鲜技术和加工能力。但是，小型加工企业起不了龙头作用。虽然近年来发展了不少加工企业，但由于它们规模偏小，缺乏大企业应有的素质与实力，在激烈的市场竞争中不断遭到淘汰。

针对牧区生产方式落后的现状，有关单位应该承担起自己的责任来，进行生产方式的转型升级，让整个牧区朝着全面、健康、绿色、可持续的方向发展，让牧区的生产方式和日益增长的生产力水平相适应，在满足大众需求的基础上，实现经济的不断进步。另外，要尽可能减少对于不可再生能源的依赖程度，在不断开发新型环保能源的基础上，降低环境污染，真正实现可持续发展。

要在推动牧区供给侧结构性改革的基础之上，降低草场的经营成本。降低传统养殖行业、种植业的比例，创新发展方式，积极利用国家的补助政策，提高第三产业的比例，使整个牧区朝着均衡化的方向发展。良好的生态环境是牧民实现不断发展的基础，也是响应国家"资源节约型，环境友好型"号召的重点工作。首先，应该在不断增加牧民收入的前提下，让他们有多余的精力和资金进行环境的改善；其次，督促牧民减少化学物质的使用，既可以减少对动物的危害，也可以实现绿色养殖的目标；最后，建立完善的奖惩机制，对破坏生态环境的牧民进行严厉的惩罚，让他们意识到节约资源、保护环境的重要性。

第四章　草原生态文明建设的基本思路

作为国家生态文明建设的基本战略单元，我国草原生态文明建设具有极强的系统性，其演进过程也直接与国家的诸多战略模块相联动，具有系统嵌入国家战略体系的重要地位。为此，全力推进草原系统的战略发展，必须确立以"战略赋位、顶层设计、严守底线、重点突破"为主线的基本战略思路。

一是战略赋位。明确草原生态文明在我国生态文明建设中的重要地位，赋予草原生态文明应有的战略高度，将其作为一个完整、系统的战略单元加以谋划。

二是顶层设计。加速草原系统战略发展的顶层设计，应从草原"十大"属性出发，分别进行相关法治体系、文化体系和政策支持体系的创新研发，统筹对接各相关部门，并与现有相关政策有效匹配，着重进行制度化培育。

三是严守底线。生态文明建设，"实行最严格的源头保护制度"是国家的基本要求。因此，加强草原生态文明建设，抓紧划定草原生态保护红线，是草原生态文明建设的重中之重。

四是重点突破。与平台性、制度性建设同步，选取当前草原系统战略的核心部位，先行展开重大工程、项目设计与建设，如草原保护红线重大工程、高标准现代化大牧场建设、草原绿色新兴产业扶持工程、草原生态文明建设国家级试验区建设、草原生态金融专项体系建设、草原民族职业化优化工程等，寻求关键领域的重点突破，以点带面，逐渐展开。

第一节　构建草原生态空间规划体系

一、草原生态功能区概况

国家重点生态功能区的功能定位是保障国家生态安全的重要区域，人与自

然和谐相处的示范区。经综合评价，国家重点生态功能区的县市区数量为 676
个，占国土面积的比例为 53%。

其中，涉及草原的重点生态功能区有 13 个，分别为阿尔泰山地森林草原生
态功能区、三江源草原草甸湿地生态功能区、若尔盖草原湿地生态功能区、甘
南黄河重要水源补给生态功能区、祁连山冰川与水源涵养生态功能区、塔里木
河荒漠化防治生态功能区、阿尔金草原荒漠化防治生态功能区、呼伦贝尔草原
草甸生态功能区、科尔沁草原生态功能区、浑善达克沙漠化防治生态功能区、
阴山北麓草原生态功能区、藏东南高原边缘森林生态功能区和藏西北羌塘高原
荒漠生态功能区。面积约 2 122 717 平方千米，约占全国重点生态功能区面积的
55%。

国家重点生态功能区名录如表 4-1 所示。

表 4-1　国家重点生态功能区名录

区　域	范　围	面　积/平方千米	人　口/万人
大、小兴安岭森林生态功能区	内蒙古自治区：牙克石市、根河市、额尔古纳市、鄂伦春自治旗、阿尔山市、阿荣旗、莫力达瓦达斡尔族自治旗、扎兰屯市 黑龙江省：北安市、逊克县、伊春区、南岔区、友好区、西林区、翠峦区、新青区、美溪区、金山屯区、五营区、乌马河区、汤旺河区、带岭区、乌伊岭区、红星区、上甘岭区、铁力市、通河县、甘南县、庆安县、绥棱县、呼玛县、塔河县、漠河市、加格达奇区、松岭区、新林区、呼中区、嘉荫县、孙吴县、爱辉区、嫩江市、五大连池市、木兰县	346 997	711.7
长白山森林生态功能区	吉林省：临江市、抚松县、长白朝鲜族自治县、浑江区、江源区、敦化市、和龙市、汪清县、安图县、靖宇县 黑龙江省：方正县、穆棱市、海林市、宁安市、东宁市、林口县、延寿县、五常市、尚志市	111 857	637.3

续　表

区　域	范　围	面　积/平方千米	人　口/万人
阿尔泰山地森林草原生态功能区	新疆维吾尔自治区：阿勒泰市、布尔津县、富蕴县、福海县、哈巴河县、青河县、吉木乃县（含新疆生产建设兵团所属团场）	117 699	60
三江源草原草甸湿地生态功能区	青海省：同德县、兴海县、泽库县、河南蒙古族自治县、玛沁县、班玛县、甘德县、达日县、久治县、玛多县、玉树市、杂多县、称多县、治多县、囊谦县、曲麻莱县、格尔木市唐古拉山镇	353 394	72.3
若尔盖草原湿地生态功能区	四川省：阿坝县、若尔盖县、红原县	28 514	18.2
甘南黄河重要水源补给生态功能区	甘肃省：合作市、临潭县、卓尼县、玛曲县、碌曲县、夏河县、临夏县、和政县、康乐县、积石山保安族东乡族撒拉族自治县	33 827	155.5
祁连山冰川与水源涵养生态功能区	甘肃省：永登县、永昌县、天祝藏族自治县、肃南裕固族自治县（不包括北部区块）、民乐县、肃北蒙古族自治县（不包括北部区块）、阿克塞哈萨克族自治县、中牧山丹马场、民勤县、山丹县、古浪县 青海省：天峻县、祁连县、刚察县、门源回族自治县	185 194	240.7
南岭山地森林及生物多样性生态功能区	江西省：大余县、上犹县、崇义县、龙南县、全南县、定南县、安远县、寻乌县、井冈山市 湖南省：宜章县、临武县、宁远县、蓝山县、新田县、双牌县、桂东县、汝城县、嘉禾县、炎陵县 广东省：乐昌市、南雄市、始兴县、仁化县、乳源瑶族自治县、兴宁市、平远县、蕉岭县、龙川县、连平县、和平县 广西壮族自治区：资源县、龙胜各族自治县、三江侗族自治县、融水苗族自治县	66 772	1234

区 域	范 围	面 积/ 平方千米	人 口/ 万人
黄土高原丘陵沟壑 水土保持生态功能区	山西省：五寨县、岢岚县、河曲县、保德县、偏关县、吉县、乡宁县、蒲县、大宁县、永和县、隰县、中阳县、兴县、临县、柳林县、石楼县、汾西县、神池县 陕西省：子长县、延安市安塞区、志丹县、吴起县、绥德县、米脂县、佳县、吴堡县、清涧县、子洲县 甘肃省：庆城县、环县、华池县、镇原县、庄浪县、静宁县、张家川回族自治县、通渭县、会宁县 宁夏回族自治区：彭阳县、泾源县、隆德县、盐池县、同心县、西吉县、海原县、红寺堡区	112 050.5	1085.6
大别山水土保持 生态功能区	安徽省：太湖县、岳西县、金寨县、霍山县、潜山市、石台县 河南省：商城县、新县 湖北省：大悟县、麻城市、红安县、罗田县、英山县、孝昌县、浠水县	31 213	898.4
桂黔滇喀斯特石漠化 防治生态功能区	广西壮族自治区：上林县、马山县、都安瑶族自治县、大化瑶族自治县、忻城县、凌云县、乐业县、凤山县、东兰县、巴马瑶族自治县、天峨县、天等县 贵州省：赫章县、威宁彝族回族苗族自治县、平塘县、罗甸县、望谟县、册亨县、关岭布依族苗族自治县、镇宁布依族苗族自治县、紫云苗族布依族自治县 云南省：西畴县、马关县、文山市、广南县、富宁县	76 286.3	1064.6
三峡库区水土保持 生态功能区	湖北省：巴东县、兴山县、秭归县、夷陵区、长阳土家族自治县、五峰土家族自治县 重庆市：巫山县、奉节县、云阳县	27 849.6	520.6

续　表

区　域	范　围	面　积/平方千米	人　口/万人
塔里木河荒漠化防治生态功能区	新疆维吾尔自治区：岳普湖县、伽师县、巴楚县、阿瓦提县、英吉沙县、泽普县、莎车县、麦盖提县、阿克陶县、阿合奇县、乌恰县、图木舒克市、叶城县、塔什库尔干塔吉克自治县、墨玉县、皮山县、洛浦县、策勒县、于田县、民丰县（含新疆生产建设兵团所属团场）	453 601	497.1
阿尔金草原荒漠化防治生态功能区	新疆维吾尔自治区：且末县、若羌县（含新疆生产建设兵团所属团场）	336 625	9.5
呼伦贝尔草原草甸生态功能区	内蒙古自治区：新巴尔虎左旗、新巴尔虎右旗	45 546	7.6
科尔沁草原生态功能区	内蒙古自治区：阿鲁科尔沁旗、巴林右旗、翁牛特旗、开鲁县、库伦旗、奈曼旗、扎鲁特旗、科尔沁左翼中旗、科尔沁右翼中旗、科尔沁左翼后旗 吉林省：通榆县	111 202	385.2
浑善达克沙漠化防治生态功能区	河北省：围场满族蒙古族自治县、丰宁满族自治县、沽源县、张北县、尚义县、康保县 内蒙古自治区：克什克腾旗、多伦县、正镶白旗、正蓝旗、太仆寺旗、镶黄旗、阿巴嘎旗、苏尼特左旗、苏尼特右旗	168 048	288.1
阴山北麓草原生态功能区	内蒙古自治区：达尔汗茂明安联合旗、察哈尔右翼中旗、察哈尔右翼后旗、四子王旗、乌拉特中旗、乌拉特后旗	96 936.1	95.8

区　域	范　围	面　积/ 平方千米	人　口/ 万人
川滇森林及生物多样 性生态功能区	四川省：天全县、宝兴县、小金县、康定市、泸定县、丹巴县、雅江县、道孚县、稻城县、得荣县、盐源县、木里藏族自治县、汶川县、北川县、茂县、理县、平武县、九龙县、炉霍县、甘孜县、新龙县、德格县、白玉县、石渠县、色达县、理塘县、巴塘县、乡城县、马尔康市、壤塘县、金川县、黑水县、松潘县、九寨沟县 云南省：香格里拉市（不包括建塘镇）、玉龙纳西族自治县、福贡县、贡山独龙族怒族自治县、兰坪白族普米族自治县、维西傈僳族自治县、勐海县、勐腊县、德钦县、泸水市（不包括六库镇）、剑川县、金平苗族瑶族傣族自治县、屏边苗族自治县	302 633	501.2
秦巴生物多样性 生态功能区	湖北省：竹溪县、竹山县、房县、丹江口市、神农架林区、郧西县、十堰市郧阳区、保康县、南漳县 重庆市：巫溪县、城口县 四川省：旺苍县、青川县、通江县、南江县、万源市 陕西省：凤县、太白县、洋县、勉县、宁强县、略阳县、镇巴县、留坝县、佛坪县、宁陕县、紫阳县、岚皋县、镇坪县、镇安县、柞水县、旬阳县、平利县、白河县、周至县、汉中市南郑区、西乡县、石泉县、汉阴县 甘肃省：康县、两当县、迭部县、舟曲县、陇南市武都区、宕昌县、文县	140 004.5	1500.4
藏东南高原边缘森林 生态功能区	西藏自治区：墨脱县、察隅县、错那县	97 750	5.8
藏西北羌塘高原荒漠 生态功能区	西藏自治区：班戈县、尼玛县、日土县、革吉县、改则县	494 381	11
三江平原湿地 生态功能区	黑龙江省：同江市、富锦市、抚远市、饶河县、虎林市、密山市、绥滨县	47 727	142.2

续　表

区　域	范　围	面　积/平方千米	人　口/万人
武陵山区生物多样性与水土保持生态功能区	湖北省：利川市、建始县、宣恩县、咸丰县、来凤县、鹤峰县 湖南省：慈利县、桑植县、泸溪县、凤凰县、花垣县、龙山县、永顺县、古丈县、保靖县、石门县、永定区、武陵源区、辰溪县、麻阳苗族自治县 重庆市：酉阳土家族苗族自治县、彭水苗族土家族自治县、秀山土家族苗族自治县、武隆区、石柱土家族自治县	65 571	1137.3
海南岛中部山区热带雨林生态功能区	海南省：五指山市、保亭黎族苗族自治县、琼中黎族苗族自治县、白沙黎族自治县	7 119	74.6
总计	436 个县级行政区	3 858 797	11 354.7

注：青海省格尔木市唐古拉镇为乡级行政单位，不计入县级行政单位数。

二、构建草原生态空间规划体系

要围绕建设生态文明，针对保护和改善草原生态系统和维护生物多样性以及发展生态产业、生态文化，强化草原主体功能区规划在规划体系中的权威和地位，拓展生态利用空间，优化生态建设布局，增加生态资源总量，为建设生态文明、维护生态安全、促进绿色增长奠定科学的规划基础。

根据草原的区域性特点、存在的主要问题和保护建设利用的需要，将草原划分为合理利用区、保护恢复区、草业重点开发区等三大区域，明确不同区域的功能定位和主攻方向，结合草原保护建设利用重点工程，采取分区治理的措施，促进区域经济协调发展，逐步形成各具特色的区域发展格局。

（一）草原合理利用区

1.功能定位

该区域以保护草原生态为主，推广划区轮牧技术，实现草原合理利用，建设我国重要生态屏障和有机畜产品生产基地。

2.采取措施及发展目标

该区域草场类型以典型草原和草甸草原草场为主。第一，要突出保护优先的原则,寓保护于利用之中;第二,要制定草地适宜载畜量,严格执行草畜平衡制度、划区轮牧制度、春季休牧制度;第三,要培育打草场,实行轮刈轮割制度;第四,要对退化沙化草原采取封育、切根、补播等技术措施,加快退化沙化草地治理,恢复草场植被;第五,要利用立地条件相对优越、水资源丰富的地块建设人工饲草地,加强优质饲草料供给;第六,要在地表水、地下水相对丰富的退化沙化地区建设人工草地,采取小绿洲开发、大生态保护的方法,起到以点带面的作用,治理退化沙化草原。以上措施的合理利用,可以有效缓解草畜矛盾,减轻草原生态压力,使草原退化沙化的趋势得到有效遏制,促进草原生态系统的良性循环,实现草原资源永续利用。

(二)草原保护恢复区

1.功能定位

本区处于半荒漠地带,气候极度干旱,应着力恢复草原植被,发挥区域生态功能的保障作用。

2.采取措施及发展目标

该区域草场类型以荒漠草原、草原化荒漠和荒漠草场为主。第一,要科学确立区域人口承载能力,有计划地转移人口,减轻草原生态承载力;第二,要科学划定禁牧区和休牧区,对严重沙化地段实行禁牧、休牧制度,以自然恢复为主;第三,要实行草原生态保护补助奖励机制;第四,要制定合理的载畜量,减轻放牧压力,以轻度利用为好;第五,要利用水土条件相对优越的地段发展灌溉人工饲草料地,增加冬春饲草贮备。该区域生态环境极度脆弱,草原植被恢复难度较大,需要的周期长,应把草原保护摆在突出的位置,突出生态功能,构筑西北生态屏障。

(三)草业重点开发区

1.功能定位

本区水、热、土等条件较好,应建立稳定的粮、草、畜良性循环系统,维护国家的粮食安全和生态安全。

2.采取措施及发展目标

该区域水热条件较好,是重要的粮食产区和畜牧业生产基地。第一,要推行粮草轮作,扩大豆科牧草种植面积,建立良性的农田草地系统;第二,要将坡耕地、中低产田逐步退耕还草,调整产业结构,扩大畜牧业比重;第三,要充分利用耕地资源丰富且水源条件较好的优势,加大优良草种繁育基地和人工牧草基地建设,大力发展草产业;第四,要发挥劳动力优势和种养业经验,发展舍饲畜牧业、特色畜牧业。该区域是农牧交错带，水、土、气候等立地条件优越，应充分利用人力资源和耕地资源，发展以苜蓿豆科牧草为主的饲草产业和舍饲畜牧业。通过粮草轮作，改变单一的种植结构，提高粮食产量，藏粮于地，建立良好的农业生态系统。

第二节　构建草原生态产业体系

要围绕建设生态文明，把草原产业活动对自然资源的消耗和对环境的负面影响降至最低水平，实现产业活动与生态系统的良性循环和可持续发展。全面发展草原生态农业、生态工业和生态服务业，使草原生态产业体系更具合理性、高度性、协调性和系统性。

一、发展牧草产业

牧草产业是基础产业，牧草产业发展水平是一个国家、一个地区现代农业、现代畜牧业发展程度的重要标志。大力发展牧草产业，充分发挥"小建设，大保护，小绿洲，大生态"的作用，对于保护草原生态环境，减轻天然草场压力，支持和带动现代畜牧业发展，推进畜牧业和农村牧区经济结构战略性调整，增加农牧民收入，提高人民生活水平，保障国家粮食安全和食品质量安全，具有十分重要的战略意义。以加大政策引导和加强扶持力度为支撑，努力推进我国牧草产业的规模化、标准化和产业化，把我国牧草产业的整体素质和效益提高到一个新水平。有效缓解我国优质牧草短缺的困难局面，减轻天然草原压力，改善和恢复草原生态环境，构建"草原增绿、牧业增效、牧民增收"的共赢局面，实现草原牧区人与自然、经济社会与生态环境协调发展。

二、发展生态畜牧业

在确保生态安全的前提下，努力转变畜牧业生产经营方式，努力发展节草（料）、节水、节能、节省劳力的生态畜牧业，努力提高畜牧业生产经营效益。在发挥市场资源配置基础性作用的同时，合理有效地配置草原畜牧业生产要素，着眼于国际、国内"两个市场、两种资源"，做大、做强一批具有国际、国内竞争力的畜产品产业带和产业区。

三、发展畜产品生态加工业

依托自然资源禀赋，扩大加工转化能力，形成节约资源、减少污染、保护环境的畜产品加工产业。培育壮大畜产品加工企业和专业合作组织，实现草原畜牧业产品基地化、专业化、加工企业集群化、产品优质化。

四、开发清洁能源和可再生能源

开发清洁能源和可再生能源，是推动生态工业发展，科学合理利用资源能源，提高能源、资源利用效率的有效途径。重点开发新疆北部、内蒙古、甘肃北部的风能资源，开发西藏、青海、新疆、内蒙古南部的太阳能资源，着力从生态角度重塑草原产业系统。

五、发展草原生态旅游业

从规划、开发、建设的源头控制生态破坏，在草原生态旅游开发过程中必须遵循生态保护优先的原则。有效保护、合理利用草地资源，维护生物多样性，保持生态系统平衡，并对人文生态资源进行合理的开发和利用。

按照生态保护优先的原则，加强草原旅游环境建设，促进生态环境和旅游业协调发展，形成可持续发展的旅游经济模式。保障旅游业可持续发展与环境保护协调发展。通过发展生态旅游业，推进绿色产业替代，减少资源消耗、生态破坏和环境污染，转变经济增长方式，推进生态文明建设，使旅游业成为草原经济发展的资源节约型和环境友好型产业。

六、推动形成草原生态全面开放新格局

进一步拓展开放草原经济范围和层次，完善开放结构布局和体制机制，以高水平开放推动高质量发展。坚持共商共建共享，推动国际大通道建设，深化沿线大通关合作。扩大国际产能合作，带动中国草原产业走出去。优化对外投资结构。加大西部、内陆和沿边开放力度，提高边境跨境经济合作区发展水平，拓展开放合作新空间。

第三节　构建草原政策支持体系

一、深入实施新一轮草原补奖政策

农业部（今农业农村部）、财政部关于印发《新一轮草原生态保护补助奖励政策实施指导意见（2016—2020 年）》的通知中指出，要进一步加大草原补奖政策宣传力度，使政策落到实处，要强化资金管理，按计划将禁牧补助和草畜平衡奖励资金发放到户；用足用好绩效考核奖励资金，建立资金使用台账，切实推进草原生态改善和草原畜牧业转型升级。做好补奖信息系统数据录入、政策实施成效评估研究和绩效考核等工作，完成年度绩效目标，按时报送绩效考核奖励资金使用方案和补奖政策实施情况总结。

2021 年 9 月，中共中央办公厅、国务院办公厅印发了《关于深化生态保护补偿制度改革的意见》，要求各地区各部门结合实际认真贯彻落实。其中指出，深化生态保护补偿制度改革的目标是，到 2025 年，与经济社会发展状况相适应的生态保护补偿制度基本完备。以生态保护成本为主要依据的分类补偿制度日益健全，以提升公共服务保障能力为基本取向的综合补偿制度不断完善，以受益者付费原则为基础的市场化、多元化补偿格局初步形成，全社会参与生态保护的积极性显著增强，生态保护者和受益者良性互动的局面基本形成。到 2035 年，适应新时代生态文明建设要求的生态保护补偿制度基本定型。要求聚焦重要生态环境要素，完善分类补偿制度，建立健全以生态环境要素为实施对象的分类补偿制度，逐步探索统筹保护模式。要加强沟通协调，避免重复补偿。围绕国家生态安全重点，健全综合补偿制度，发挥市场机制作用，加快推进多元化补偿，完善市场交易机制，拓展市场化融资渠道，探索多样化补偿方式。完善相关领域配套措施，增强改革协同，加快推进法治建设，完善生态环境监测体系，发挥财税政策调节功能，完善相关配套政策措施。树牢生态保护责任意识，强化激励约束机制，健全生态保护考评体系，加强考评结果运用，严格生态环境损害责任追究，推动各方落实主体责任，切实履行各自义务。

二、推进草原重大生态保护工程建设

加大退牧还草、京津风沙源草原治理、退耕还林还草、西南岩溶地区石漠化草地治理、农牧交错带已垦草原治理试点、草原防火基础设施建设等工程的实施力度。加快实施进度，严格执行进度季报制度。加强工程项目基础数据采集，推进项目数字化管理系统建设。组织开展工程效益监测，定期形成工程效益评价报告。认真开展工程项目自查自验工作，总结经验模式、加大成果宣传，确保工程实施效果。

三、加快推进现代草牧业发展

依托草原补奖政策绩效考核奖励和南方现代草地畜牧业推进行动等政策项目，深入推进草牧业试验试点。总结可复制、可推广的典型经验模式，确定一批现代草牧业发展示范县，组织开展培训和交流活动。积极争取金融机构的信贷支持，推进草牧业领域政府和社会资本合作模式。充分发挥典型示范和辐射带动作用。鼓励和扶持新型经营主体打造优质品牌，延伸产业链，提升附加值，推动构建种养加结合、产供销一体、一二三产业融合的草牧业产业体系。推动国家牧草产业技术体系和草产业科技创新联盟建设，整合行业科技资源，形成推进现代草牧业发展的智库。组织专家和技术人员开展生产经营监测和实地指导，推进草牧业生产良种良法配套，总结推广优质高效生产经营模式，提高生产效率，保护草原生态，促进牧民增收。

第四节　构建草原法律法规体系

一、确认草原环境权，培育全社会草原生态环境保护的法律意识

随着我国可持续发展战略的不断实施和生态文明建设的日益深入，亟须将草原生态环境权纳入法律。因为利益一旦转化为法律所承认并认可的权利，就具有了一定的昭示和表征意义，即非因法定事由和非经程序，任何人不得对其任意侵犯或损害。草原的环境权不仅与农牧民命运攸关，还关系到与草原存在直接或间接关系的更广泛的利益主体。自觉而高度的环境权意识是草原生态环境保护的理性因素和精神力量。

二、进一步加强草原立法，健全草原法律法规体系

要加快推进基本草原保护、草原承包经营、草原生态补偿、草原调查、草

原禁牧休牧等方面配套法规的出台，适时推动草原法的进一步修订与完善，加快推进重要规章的制修订进度，完善和细化相关制度措施，提高针对性和可操作性。

（1）全面落实草原承包经营权。要在明晰草原所有权、使用权的基础上，将草原的承包经营权真正落实到户。已经开展草原承包的地区，重点是要继续完善，进一步明确每户的草原边界、面积，尽可能设置边界的标志物；尚未落实草原承包的地区，要制定时间表，明确工作目标和任务，本着先易后难的原则，重点突破，加快工作进度。要依法规范草原承包行为，严禁任意发包、非牧户承包。在草原承包经营期内，不得对承包经营者使用的草原进行调整；个别确需适当调整的，必须依法进行。在草原承包经营方面，应逐步实现对牧区草场承包经营权债权物权化，依法使草场承包经营权成为一种具有完全物权特质的新型用益物权。

（2）建立健全我国的生态补偿机制，完善生态补偿的法律制度，使生态补偿更加正规化、制度化、法制化。加大生态补偿的投入力度，建立有利于生态建设和保护的生态补偿转移支付机制；开征生态环境税，设立生态补偿基金，建立自然保护区和草原生态补偿机制；建立以资源地政府为主的生态管理系统，加大对生态保护区的扶贫力度、项目支持并开展贫困地区生态补偿试点等工作。要结合草原农牧区实际，针对草原保护和执法过程中凸显出的新情况、新问题，及时出台与《中华人民共和国草原法》相配套、更具操作性的法律法规或制度，保证草原执法做到有法可依。

三、加大生态环境执法力度，有效遏制各类违法犯罪行为

（1）要把明确草原边界和范围作为草原执法的重要基础性工作优先抓好、抓实。在纯草原地区和其他草原特征较明显的地区，加快落实草原家庭承包制，以明确草原所有权、使用权的方法将草原固定下来。在南方地区以及其他土地类型交叉较多或土地类型比较模糊的地区，要先将传统的放牧用地以及符合草原基本属性且没有明显争议的土地划定为草原，勘定边界，尽可能建立草原围栏，并明确草原所有权和使用权；对有争议的土地，草原监理部门要主动出击，尽可能把符合草原基本属性的土地确定为草原，勘定边界，并实施家庭承包。草原家庭承包要最大限度地落实"到户"，真正解决形式上承包，实质上还是混用、吃大锅饭的问题。为更好地解决草原定性确权问题，要积极争取各地政府出台关于推进草原家庭承包的专门文件，将部门行为转变为政府行

为，通过政府组织、相关部门配合、草原部门具体实施的办法来全面推动此项工作。

（2）加强草原执法人员队伍建设，重视草原行政执法人员的选拔、任用与培训，选用一批素质好、业务精、有责任的人员，充实草原行政执法队伍。加强草原执法人员有关《中华人民共和国草原法》《最高人民法院关于审理破坏草原资源刑事案件应用法律若干问题的解释》（以下简称《解释》）以及相关法规的学习，实行定期考核、持证上岗、末位淘汰等制度，提升草原执法人员的业务素质。针对现有草原执法人员相对较少、装备较为落后等情况，要尽快完善草原监理体系。当前，监理机构建立的重点要先放在半农半牧区、生态脆弱区、草原生态建设工程区等区域。长远来看，力争实现凡是有草原的地区都设有草原监理机构。要进一步加大资金投入，加强草原执法人员的硬件设施和装备配置，改善执法环境和执法条件，为草原执法提供良好的物质保障。

（3）加强对草原《解释》执行的相关程序立法，规范行政执法行为。应加强草原行政执法程序立法工作，明确草原违法犯罪行为认定以及追求标准与程序，规范草原执法行为。应尽快制定专门的"行政执法与刑事司法衔接法"、颁布草原犯罪的《刑法修正案》或在《中华人民共和国草原法》中补充强调"移案"和"受案"等相关内容。要继续建立和完善草原执法责任制、大案要案曝光制、草原执法检查制、信访接待制、案件督办制等制度，规范草原执法行为。

四、加快草原管理体制改革，强化部门间的分工合作

一是建立和完善草原生态环境综合整治定量考核制度和领导责任制。在政府绩效评估指标体系中设置生态环境指标，增加对草原等生态环境的指标权重，明确地方政府及其主要负责人的生态保护义务和责任，实行生态责任追究制，规范和约束地方政府行为，强化草原生态保护的内动力。

二是建议对草原实行垂直管理方式，使草原执法部门的管理和执法不再受到地方政府的干扰，真正发挥实际效能。同时，应充分发挥协调机构、监督机构、非政府组织以及公众在草原管理与执法中的作用，建立畅通的农牧民参与执法的沟通机制。

三是要加强草原执法部门与土地、农业、林业、环保等部门的合作，尽快制定出国家级土地分类标准，规范土地分类，指导草原定性，促进草原家庭承包；积极争取财政、价格主管等部门支持，及时颁布草原植被恢复费的征收规

定。加强与纪检、监察、工商以及公检法部门的合作，加大办案力度，提高执法效率。加强地区间合作，妥善解决草原边界纠纷，打击和查处跨区域的草原违法行为。

第五节　构建草原监测预警体系

一、草原生态文明监测预警机制的内涵及意义

建立草原生态文明监测预警机制，即根据草原牧区自然条件确定一个资源环境承载能力的红线，当草原退化接近这一红线时，提出警告警示，对超载的实行限制性措施，防止过度开发后造成不可逆的严重后果。

凡事预则立，不预则废。我国应从草原生态环境实际情况出发，运用宏观经济统计理论与方法，借鉴国外经验，建立草原生态文明监测预警体系，提高草原生态文明监管水平，实现对草原生态环境的全天候监测、评估与预测，科学把握草原生态文明的状况及其未来走势，并定期发布草原生态文明监测预警报告。其意义在于，一能为党和政府决策提供科学、及时、可靠的依据；二能不断提高草原生态文明监管水平；三能让全社会充分了解草原生态文明状况，提高全社会对草原生态文明和绿色发展的关注程度。

二、开展草原生态文明监测工作

（一）生态文明制度体系的逐步健全要求开展草原监测工作

党的十八届三中全会通过的《中共中央关于全面深化改革若干重大问题的决定》（以下简称《决定》），把建立系统完整的生态文明制度体系作为一项重要改革内容进行部署。《决定》中明确提出了健全自然资源资产产权制度、健全用途管制制度、建立生态红线保护制度、建立生态环境损害责任终身追究制等一系列涉及源头严防、过程严管、后果严惩的重要制度。显然，这些制度的建立和实施，必须以科学、准确的监测调查数据为依据，只有把监测工作做好、做实，制度才有可能落实好、执行好。此外，《决定》中还明确提出要建立资源环境承载能力监测预警机制，这就更加凸显了监测工作的重要性及紧迫性。

（二）保护建设的不断深入要求开展草原监测工作

近年来，国家越来越重视草原工作，草原保护建设资金不断增加。据初

步统计，2018年中国绿色草场环境监测面积219.1万公顷，同比下降2.28%；2019年中国绿色草场环境监测面积218.9万公顷，同比下降0.09%。在草原生态保护补助奖励等政策的推动下，草原承包、基本草原保护、草畜平衡、禁牧休牧等各项制度落实步伐明显加快。"十二五"期末，全国累计承包草原2.91亿公顷，占全国草原面积的72.8%，较2010年增加0.57亿公顷；累计落实禁牧休牧轮牧面积1.6亿公顷，较2010年增加0.51亿公顷；落实草畜平衡面积1.7亿公顷，划定基本草原2.36亿公顷，均较"十一五"期末大幅增加。

"十三五"以来，草原保护修复重大工程项目和政策深入实施，草原生态质量明显提高。2019年，全国草原综合植被盖度达到56%，较2015年提高了2个百分点；天然草原鲜草总产量突破11亿吨；重点天然草原平均牲畜超载率降至10.1%，较2015年下降3.4个百分点。草原防风固沙、涵养水源、保持水土、固碳释氧、调节气候、美化环境、维护生物多样性等生态功能得到恢复和增强，全国草原生态环境持续恶化势头得到明显遏制。

有建设、有投入，势必就要有结果、有成效。项目完成情况如何、禁牧休牧成效怎样、畜牧业水平提升多少、生态状况改善几何，这些都需要有严谨的监测方法、科学的分析手段、翔实的基础数据，这就要求监测工作必须及时跟进，拿出具有说服力的监测数据和分析结果。

（三）依法管理的有效推进要求开展草原监测工作

开展草原承包确权、实施禁牧休牧、推进草畜平衡以及查处和打击开垦草原、违法征占用草原等破坏草原植被的行为，是草原依法管理的重要内容。只有通过开展草原监测，才能明确草原面积及四至边界，为确权承包奠定基础；只有通过开展草原监测，才能准确掌握草原生产能力及家畜承载状况，科学指导禁牧休牧和草畜平衡工作；只有通过开展草原监测，才能及时发现草原植被破坏的区域、面积、程度，及时采取相应的行政措施或法律手段。

第六节　构建草原生态文化体系

一、草原文化的含义

草原文化是指世代生息在草原地区的先民、部落、民族共同创造的一种与草原生态环境相适应的文化，这种文化包括他们的生产方式、生活方式以及与之相适应的风俗习惯、社会制度、思想观念、宗教信仰、文学艺术等，其中价值体系是其核心内容。

二、草原文化的特质

关于草原文化的特质，至少可以概括为如下四点：

一是历史传承的悠久性。远在旧石器时代，人类的祖先就在草原留下了原始生产和生活的足迹。草原地区大量丰富的考古遗存，是探索中国早期人类活动的最有价值的核心地区之一。最早的有呼和浩特市郊区大窑村南山的石器制造场，其年代可追溯到旧石器时代的早期。从旧石器时代晚期到新石器时代，这里相继产生过多种开文明先河的文化成果；特别是游牧文明形成后，将草原文化推向一个新的发展阶段，使草原文化成为具有历史统一性和连续性并充满活力和发展潜力的文化。

二是区域分布的广阔性。作为地域文化，草原文化是在我国北方草原这一特定历史地理范围内形成和发展的文化，大致分布于包括从大兴安岭东麓到帕米尔高原以东，阿尔泰以南至昆仑山南北的广大区域，涉及黑龙江、吉林、辽宁、河北、内蒙古、山西、陕西、宁夏、甘肃、青海、新疆、四川、西藏等省区。在这一广大的区域范围内，虽然不同民族在不同时期所创造的文化不尽相同，但都是以草原这一地理环境为载体，并以此为基础建立起内在的联系，形成具有复合特征的草原文化。草原既是一个历史地理概念，又是重要的文化地理概念。

三是创造主体的多元性。草原文化是草原地区多民族共同创造的文化。这些民族分别活跃在不同历史时期，此起彼伏，使草原文化在不同历史时期呈现出不同的民族文化形态，诸如匈奴文化形态、鲜卑文化形态、突厥文化形态、契丹文化形态等。这是草原文化创造主体多元性的集中体现，也是草原文化区别于中原文化的重要标志之一。虽然草原文化的创造主体是多元的，但由于这些民族相互间具有很深的历史渊源和族际传承关系，因此这种连续性和统一性体现在草原文化发展的整个历史进程之中。

四是构建形态的复合性。草原文化是一种内涵丰富、形态多样、特色鲜明的复合型文化。草原文化在早期经历新石器文化之后，前后演绎为以西辽河流域为代表的早期农耕文化和聚落文化，以朱开沟文化为肇始的游牧文化以及中古时期逐步兴起的游牧文化和农耕文化交错发展的现象。因此，草原文化不仅是地域文化与民族文化的统一，还是游牧文化与其他经济文化的统一。不同的文化形态在不同历史时期从不同角度为草原文化注入了新的文化元素和活力。草原文化还是传统文化与现代文化的统一。草原文化作为中华文化中最具古老传统的地域文化之一，在吸纳现代文明因素，走向现代化的历史过程中，传统文化和现代文化相互激荡、碰撞、冲突和吸纳，由此成为传统文化与现代文化有机统一的整体。草原文化随之呈现出传统与现代、地域与民族相统一、多种经济类型并存的复合型文化形态。

三、草原文化的现代价值

（一）对建设现代生态文明的启示

草原游牧民族由于生存的需要，崇尚自然顺应自然的选择，珍爱草原和生灵，重视对草原、森林、山川、河流的生态保护，对生态保护积累了丰富而宝贵的经验。这种特殊的生产生活方式，使草原文化成为以崇尚自然为根本特质的生态型文化。这种"长生天"文化理念从观念领域到实践过程都同自然生态息息相关，将人与自然和谐相处当作一种重要行为准则和价值尺度。草原游牧民族对自然生态的良好观念和做法，对现代生态文明建设有着深刻启示。近年来，我国北方草原、森林逐渐恢复，成为一道绿色天然生态屏障。在这里生活的各族人民创造了"围封转移""轮牧休牧""生态移民"等做法，使草原民族固有的先进生态理念更彰显出新的生命力和价值。

（二）维护祖国统一的爱国主义精神

草原民族是特别热爱家园、热爱母亲的民族。草原文化在经历匈奴、鲜卑、突厥、契丹、元、清、近现代几个时期的发展后，与中原文化长期碰撞、交流、吸收、融合，为中国统一的多民族国家形成、巩固和中华文化的传承发展做出了突出贡献。草原民族是中华民族大家庭不可分割的成员，与国家的发展息息相关。特别是在中国共产党的领导下，草原少数民族与祖国命运相连，与各兄弟民族亲如一家。这种血脉情感流淌的草原文化，在认同和促进中华民族形成和发展过程中发挥的伟大历史作用，迄今仍然是我们增强民族凝聚力，促进民族大团结，构建各民族共同繁荣发展的和谐社会根基之一。历史和现实都证明，草原文化对于维护祖国统一、构建和谐社会的积极影响是广泛而深远的。

（三）发扬开拓进取、创新发展的时代精神

草原文化的基本精神和价值取向，如英雄乐观精神、自由开放精神和崇信重义精神等，从本质上来说都与当今改革开放是一致的。在改革开放和社会

主义现代化建设的历史条件下，这种传统的优秀民族精神，必然表现为开拓进取、创新发展的时代精神而大放异彩。在现实生活中，草原文化中的节庆、祭祀、娱乐、餐饮、服饰、工艺、歌舞、文学艺术等都在实现与现代文明之间双向互需的有机结合。草原文化以特有的方式吸纳现代文明的成果，实现发掘、更新、重构以增强自我发展的能力；现代文明也在与草原文化的结合中获得了新的实现领域和形式。事实上，草原文化已寓于草原地区文化旅游业、文博会展业、图书影视业、城镇建筑业等产业之中，成为草原地区经济社会发展新的亮点，表现出巨大的魅力、潜力和优势。

在中华文化"走出去"战略中彰显出特殊的魅力和影响。近年来，草原文化走出国门参与国际文化的重大交流活动，产生了越来越广泛的影响。蒙古族的长调、马头琴已列入世界非物质文化遗产。蒙古族等草原民族的文化艺术，如歌舞、杂技、文物、服饰等，都以独有的艺术特色和魅力在世界各大洲留下了美好的足迹，极大地增强了中华文化的影响力和感染力。另外，广袤的大草原和独具风格的草原民族风情，也越来越吸引世人的眼光。草原文化为开辟大草原旅游市场和与世界交流提供了广阔的舞台。随着深化改革、扩大开放、科学发展的新的历史进程，草原文化必将以更加崭新的姿态越来越深刻、越来越广泛地呈现在世人面前。

四、打造草原文化创意旅游业

草原作为中国具有独特个性的旅游目的地，正处在转型升级、跨越发展的关键时期，如何突破瓶颈、找准卖点、创新发展已经成为当前的重要课题。

一是要拓宽视野找标杆。国际化的视野是旅游开发的关键，美国、澳大利亚、新西兰是世界草原旅游开发的典范，享有非常高的知名度和美誉度，其在旅游开发中的经验和做法是非常值得借鉴的。具体表现在八个方面：自然人文原生态，秉承可持续开发的理念，始终保持原生态的草原环境；体验互动全方位，重视游客的亲身感受，强调参与和体验；文化特色够鲜明，通过挖掘、传承和演绎突出文化主题；牧场经营多统一，多以牧场形式开发草原旅游，管理统一规范；服务配套支撑强，做到了管理科学、设施完善、服务到位；产业联动效益好，与本地牧业发展紧密结合；政府协会协作多，负责草原旅游的整体引导、发展规划、质量规范、营销推广、组织活动等；社区参与程度高，制定鼓励本土居民参与的政策，有效保持本土化特色。

二是要深刻分析找不足。草原旅游存在一些值得注意的关键性问题。主要体现在七个方面，即同质化、季节性、规模小、分布散、缺品牌、基础差、档次低。草原旅游产品开发还停留在以观光为主的层面上，亟待采取创新思维与有针对性的措施，以大力推进草原旅游业的转型升级。

三是要突破思维重创新。首先是理念突破。要以差异化的开发理念，跳出观光做度假、跳出景区做境区、跳出草原做环境、跳出生态做健康，做足草原度假旅游、避暑旅游、冰雪旅游、养生旅游、运动旅游、温泉旅游、会展旅游、深度文化体验旅游等多元化、复合型、立体化旅游产品。要摆脱资源导向的开发思维，充分利用草原清新的空气、舒适的气候、辽阔的星空、质朴的人物、多彩的故事、有机的食品、歌舞的海洋等高品质特色化的资源做好避暑文章、做足养生体验，以全新理念打造生态健康的绿色牧场和心灵牧场。要以可持续开发理念与以保护促发展的思路，在开发旅游的同时做好生态环境监测和保护。要以多主体融合开发理念，促进政府、社区、企业和消费者共同参与草原旅游的开发，实现效益最大化。

其次是模式突破。要推进综合开发，以复合式开发模式为主，努力围绕游览、住宿、娱乐、餐饮、购物、疗养、交通、解说、享受等进行旅游要素的优化配置和完善提升，实现旅游要素联动开发，满足游客需求。要推进产业联动，实现工业化、城镇化、农牧现代化、旅游产业化的四化融合，以后工业化的眼光挖掘前工业化的资源，打造超工业化的产品，使草原旅游与当地特色经济产业有效互动，围绕畜牧业可开发牧民家庭体验游、现代化草原畜牧基地观光体验游、绿色土特产园区游等，围绕民族民俗产业可开发文化创意旅游园区、民族风情体验园区、民族手工艺品园区等，强化延伸产业链条。以丰富旅游线路设计为串联，构建风景廊道。要尝试推进景区化统一管理，成立草原旅游管理协会或管理委员会，统一制定开发规划，如草原旅游开发规划等。要尝试推进分级分区差别管理，在大景区内部根据资源禀赋和开发条件的不同划分档次旅游区，或根据旅游功能划分度假区、养生区、运动区、体验区等，并围绕功能分区架构旅游综合体，形成重点突出又顾及整体的有层次、各具特色的旅游地域网络系统。

最后是产品突破。突破现有草原旅游产品的单一性和同质化格局，做新、做精，基于草原四化"细分化、生活化、游憩化、精品化"做出特色和亮点。打造若干国家草原公园，围绕草原公园选择合适的城镇或旅游功能配套区建设旅游综合体，整体构建内蒙古自治区国家级度假地。要借鉴国外开发草原度假旅游的成功经验，打造一批草原度假酒店综合体、草原避暑和养生旅游综合体，提高草原度假的档次和水平。要引入品牌旅游服务商和供应商，主打生态、绿色、有机牌，以先进的服务商理念和技术建设草原有机食品基地，开展食品可溯源工程，强化产品地理标志，形成类似奥运食品供应的流程和标准。

四是品牌突破。开展全媒体营销，通过影视剧、宣传片、宣传材料、导游图、形象标识等制作，以报纸、电视、互联网等宣传手段，借助微博、微电影等新形式，进行全方位、多渠道、大密度的宣传推介，打造草原"行者天堂"。形成草原品牌服务，制定服务标准，从交通及基础设施、人文环境和国际形象、管理和营销、信息系统性和便利性、接待保障完善度等方面提高竞争力。

五是运营突破。草原旅游可借鉴和运用专业化景区管理公司的智慧，积极引进知名旅游专业管理公司，一站式全程指导整个旅游系统工程的运营，推进草原旅游全链条发展。

第七节　构建草原生态服务功能评价体系

一、基于生态功能的评价指标体系

（一）重点生态功能区

1. 水源涵养

水源涵养是草原生态系统通过其特有的结构与水相互作用，对降水进行截留、渗透、蓄积，并通过蒸发与散发实现对水流、水循环的调控，主要表现在缓和地表径流、补充地下水、减缓河流流量的季节波动、滞洪补枯、保证水质等方面。水源涵养量是草原生态系统水源涵养功能的评估指标，可以按照草地类型、植被覆盖度、植被生物量、年降水量和土壤类型加以细分。

2. 水土保持

水土保持是草原生态系统通过其结构与过程减少由于水蚀所导致的土壤侵蚀的作用，是草原生态系统的重要调节功能之一。水土保持功能主要与气候、土壤、地形和植被有关，可以按照草地类型、植被覆盖度、植被生物量、年降水量、土壤类型、坡度坡长和草地退化程度加以细分。

3. 防风固沙

防风固沙是草原生态系统通过其结构与过程减少由于风蚀所导致的土壤侵蚀的作用，同样是草原生态系统的重要调节功能之一。防风固沙功能主要与风速、降雨、温度、土壤、地形和植被等因素密切相关，可以按照草地类型、植被覆盖度和土壤类型加以细分。

4. 生物多样性维护

生物多样性维护功能是生态系统在维持基因、物种、生态系统多样性中发挥的作用，是草原生态系统最主要的功能之一。草原生物多样性维护功能与珍稀濒危和特有动植物的分布丰富程度密切相关，主要以国家一、二级保护物种和其他具有重要保护价值的物种作为生物多样性维护功能的评估指标，可以按照草地类型和三化程度（草地的退化、沙化、盐渍化）加以细分。

（二）生态敏感脆弱区

1. 水土流失

草原生态系统通过绿色植被的根系对防止水土流失、减少地表径流具有显著作用。根据通用水土流失方程可以进行水土流失敏感性评估，并选取草地类型、植被覆盖度、年降水量、土壤类型和坡度坡长作为水土流失敏感性的评估指标。

2. 土地沙化

草原生态系统将绿色植被作为生态屏障，能有效防止土地沙化，参照《生态功能区划暂行规程》，将植被覆盖度、起沙风天数、土壤类型和沙化程度作为土地沙化敏感性的评估指标。

3. 土壤盐渍化

盐渍化敏感性主要取决于蒸发量（降雨量）、地下水矿化度、地下水埋深、土壤质地等因子，可以将植被覆盖度、降水与蒸发比、土壤类型和盐渍化程度作为土地沙化敏感性评估指标。

二、基于产业功能的评价指标体系

经济发展是保障和改善民生的根本出发点和落脚点，是推进草原生态红线建设的有力支撑，也是实现草原牧区可持续发展的核心环节。其中，产业发展是经济发展的重要环节。构建畜牧产业、旅游产业和草产业融合发展的现代牧区产业体系，是拓宽牧民增收渠道，促进草原牧区经济发展，落实草原生态保护红线政策，实现草原牧区经济社会可持续发展的基础。

（一）畜牧产业

草原畜牧业是以草地为主要载体的家畜生产体系，是草原牧区的传统产业和主体产业。大力发展草地畜牧业对促进草原牧区的经济繁荣和社会进步具有重要而深远的意义。其中，畜产品产量、牧民人均牲畜数量、草场载畜量、畜牧产品基地数量和畜牧产品龙头企业数量可以作为草原牧区畜牧产业的核心指标。

（二）旅游产业

草原旅游作为牧区的优势旅游产品，近年来得到了大规模开发，旅游产业拉动了草原的经济增长，吸纳了许多闲散劳动力，缓解了就业压力，进而促进了社会的安定与和谐。因而，可将草原牧区旅游产业作为草原生态红线划定的评价对象，将旅游业总收入、接待旅游者人数、旅游业从业人数、旅游业发展专项资金和旅游投资总额作为评价指标。

（三）草产业

发展草产业是统筹牧区生态与生产的重要平台，随着国家草地生态安全战略的实施和现代化畜牧业的发展，我国牧区的草产业得到了快速发展。因此，草产业的发展状况也是草原生态红线划定的重要依据。可将人工种草面积、草产品加工能力、草产品加工企业数量和商品草基地数量等指标纳入评价体系。

三、基于文化传承功能的评价指标体系

草原生态环境是草原文化的载体，草原文化是草原生态环境得以保护的重要武器。有了良好的草原生态环境，才能传承并发展优秀的草原文化，两者相辅相成，紧密联系。因此，在划定草原生态红线时，要充分考虑草原的文化传承功能，其中财政支持、人才传承和人口传承为草原牧区文化传承的重点。

（一）财政支持

国家的财政支持对于草原文化传承意义重大，加大财政投入力度，优化财政支出结构，将是草原文化保护与传承的重要依托，同时有利于草原生态保护红线划定工作的推进。在财政支持指标层中，可将种草补贴、退耕还草补贴、牧民人均纯收入、文化事业投入和文化发展专项基金作为衡量财政支持的指标。

（二）人才传承

人才是草原文化传承与发展的第一资源，高素质的草原文化传承人才、艺术人才、草原文化研究人才和经营管理人才体系的建立是草原文化传承的保障。因此，可将民间艺人数量、非遗传承人数量、民族文化专业人才数量和蒙古族高校毕业生数量作为衡量人才传承的指标。

（三）人口传承

人是文化的创造者，也是文化的传承者，草原牧区文化传承离不开蒙古族

和牧民人口的发展。可将民俗村数量、原居牧民户数、蒙古族人口数和牧民人口占总人口比重作为衡量人口传承的指标。

第八节　构建功能互补的绿色草原金融体系

一、大力发展绿色信贷

支持和鼓励金融机构从制度流程、组织架构、资源配置、产品创新等方面入手，研究和建立绿色信贷服务体系。鼓励金融机构对绿色金融项目专列信贷计划、专项审批授信、专设营销机构、专项业务统计，提供差异化、特色化金融服务。制定绿色信贷行业、企业和项目的准入标准，定期收集、主动跟进绿色项目信息，建立完善"绿色项目清单"。加快建立绿色信贷授信制度，简化审批程序，优化审批流程，提高审批效率。合理确定项目利率和收费标准，坚决取消不合理收费，降低绿色信贷成本。引导金融机构创新绿色产业信贷产品和服务，积极探索以能效信贷为基础的信贷资产证券化试点工作。积极探索能效信贷担保方式创新，以应收账款质押、履约保函、知识产权质押、股权质押、合同能源管理项目未来收益权质押等方式，开展能效融资、碳排放权融资、排污权融资等信贷业务，积极支持节能环保项目和服务。支持金融机构建立绿色信贷尽职免责制度，营造支持绿色信贷的良好氛围。

二、推动发行绿色债券

支持符合条件的绿色企业通过发行绿色债券在证券市场和银行间市场募集资金。按照绿色债券界定标准，加强对发债企业环境信息的审核，强化发行企业的绿色投融资行为。鼓励信用评级机构在信用评级过程中专门评估绿色债券发行人的募投项目绿色程度、环境成本对发行人及债项信用等级的影响，并在信用评级报告中进行单独披露。引导养老基金、保险资金等各类机构投资者投资自治区企业发行的绿色债券。支持符合条件的地方法人金融机构发行绿色金融债券。落实自治区直接融资奖补政策，积极支持符合条件的绿色企业按照法定程序上市融资和再融资。

三、设立发展绿色产业基金

推动各级政府整合现有节能环保等专项资金，设立政府主导的绿色产业发展基金，逐步壮大自治区环保基金规模。探索通过政府和社会资本合作（PPP）模式充分发挥绿色产业基金的放大效应和导向作用，引导投资机构和社会资本积极加入。支持在绿色产业中引入 PPP 模式，鼓励将节能减排降碳、环保和其他绿色项目与各种相关高收益项目打捆，建立公共物品性质的绿色服务收费机制。推动完善绿色项目 PPP 相关规章制度，鼓励各类绿色发展基金支持以 PPP 模式操作的相关项目。支持民间资本发起设立绿色投资基金，鼓励自治区及境内外绿色产业龙头企业、有资金实力的民营企业和知名投资基金管理机构在自治区发起募集，设立一批绿色基金。

四、丰富各类环境权益类融资工具

创新发展各类碳金融和排污权金融产品。各金融机构要积极研究并跟踪碳远期、碳掉期、碳期权、碳租赁、碳债券、碳资产证券化和碳基金等碳金融产品和衍生工具的发展，结合自治区实际，应用于碳金融业务的开展。推动建立排污权、节能量（用能权）、水权等环境权益交易市场，推动排污权质押、排污权期权等金融产品发展。探索发展基于碳排放权、节能量等各类环境权益的融资工具，拓宽绿色环保企业融资渠道。

五、积极发展绿色保险

支持保险机构创新设计具有自治区特色和绿色产业特点的绿色保险产品，合理确定保费费率，在风险可控前提下，进一步丰富保险服务内涵。鼓励保险机构研发环保技术装备保险，针对低碳环保类消费品的产品质量安全责任保险、森林保险、草原保险和农牧业灾害保险等产品。积极推动保险机构参与养殖业环境污染风险管理，建立农业保险理赔与病死牲畜无害化处理联动机制。加强环境污染责任强制保险试点及推广工作，提高自治区环境污染风险管理水平，切实发挥环境污染责任保险的保障作用。建立保险机构与其他金融机构的联动机制，对自治区重点排污单位，通过政策激励和信贷约束等方式逐步落实参保投保，并将有无参投保环境污染责任强制保险作为获取其他绿色金融服务的优先条件。鼓励保险机构对企业开展"环保体检"，将发现的环境风险隐患通报环保部门，加强环境风险监督防范。

六、建立绿色融资担保体系

建立健全自治区、盟市、旗县（市、区）三级政策性和商业性绿色信贷担保体系，通过专业化绿色担保机制，引导更多的社会资本投资绿色产业。引导融资担保机构优先向绿色领域配置担保资源，对符合要求的绿色环保项目、绿色创业创新企业和绿色农牧业予以优先支持。鼓励政策性担保机构为企业绿色债券提供担保，降低绿色债券的融资成本。

七、推动开展绿色金融国际合作

利用"丝绸之路经济带"重要区域的战略优势，争取丝路基金、亚洲基础设施投资银行投资自治区绿色产业和生态基础设施项目建设。积极推动区域性绿色金融国际合作，以金融创新推动中、蒙、俄经济走廊建设。支持自治区内符合条件的法人金融机构和企业到境外发行绿色债券。吸引国际资金投资自治区绿色债券、绿色股票和其他绿色金融资产。

八、开展绿色金融服务创新试点

坚持依法合规、风险可控的原则，开展绿色金融服务创新试点。重点在绿色金融项目评价机制、绿色消费信贷、绿色租赁、绿色信托、绿色企业投贷联动、绿色供应链融资、以绿色指数为基础的公募和私募基金开发、绿色信用建设等方面推动改革创新。

第五章　草原生态文明建设的制度体系

2018 年 2 月 28 日，中国共产党第十九届三中全会审议通过的《中共中央关于深化党和国家机构改革的决定》提出，改革自然资源和生态环境管理体制，实行最严格的生态环境保护制度，构建政府为主导、企业为主体、社会组织和公众共同参与的环境治理体系，为生态文明建设提供制度保障。草原生态文明制度建设是生态文明制度建设的重要组成部分，是完成草原绿色高质量发展的重要保障。加快建立健全系统完整的草原制度体系，用制度保护生态环境，是加强草原生态保护与建设的基础，是促进民族团结和边疆稳定的根本保障，是牧区全面建成小康社会的关键。

第一节　我国草原制度体系建设现状

自中国共产党第十一届三中全会以来，我国在草原生态文明建设方面逐渐形成了以《中华人民共和国草原法》为基础，以相关法律法规、行政法规及地方性法规为支撑和补充的一个不断完备改善的草原制度体系，为保护、建设和合理利用草原，改善生态环境，维护生物多样性，发展现代畜牧业，促进经济和社会的可持续发展起到了极其重要的作用。

一、草原基本经营制度

草原家庭承包制度是我国牧区在草原经营方面的核心制度，是牧区最基本的经济制度。中国共产党第十一届三中全会后，农区耕地实行家庭联产承包制度。内蒙古草原牧区打破"三级所有、队为基础"的旧模式，在草原经营体制上进行了积极探索和实践。1982 年，内蒙古开始探索草原家庭承包制度，并取得一定成果；1983 年，牧区全面推行"牲畜作价，户有户养"的生产责任制；1984 年，内蒙古草原牧区全面实行"畜草双承包"责任制，把"人畜草""责权利"有机地统一、协调起来，是牧区社会主义畜牧业经营管理体制的一项重大改革；1985 年 8 月，全区 95% 的集体牲畜作价到户。牲畜和草原"双承包"责任制的推行，使社会主义制度的优越性同家庭经营的积极性结合起来，使小规模分户经营与专业化、社会化生产有机地结合起来。牧区在实行"草畜双承包"责任制的基础上，创造性地推行了以草场承包到户为重点的草牧场"双权一制"（所有权、使用权和承包责任制）。1985 年 10 月，我国施行了《中华人民共和国草原法》，为我国实行草原家庭承包制度提供了最早的法律基础。2003 年 3 月施行的《中华人民共和国农村土地承包法》和对《中华人民共和国草原法》进行的多次修订又对草原家庭承包制度提出了新的要求。同时，中共中央、国务院和有关部门也在草原承包方面进行了补充。比如：2007 年农业部（今农业农村部）下发了《关于加快推进草原家庭承包制的通知》。近年来，牧民在实践中慢慢摸索出一套新模式——草原联户经营模式，在草原家庭承包制度的基础上，两个或两个以上牧户以自愿、平等、互利为共识对牧场进行整合，科学有计划地实行统一划区轮牧。"十三五"以来，各地深入落实草原承包经营制度，积极推进草原承包经营权确权登记颁证试点，全国累计落实草原承包经营制度面积 43 亿亩。开展基本草原划定，全国共划定基本草原面积近38 亿亩。实行草原禁牧和草畜平衡制度，全国草原禁牧面积 12 亿亩、草畜平衡面积 26 亿亩。严格草原用途管控，按照《草原征占用审核审批管理办法》，严控建设项目征用占用基本草原。加大草原执法监督力度，依法严厉查处非法开垦草原、征占用草原、滥采乱挖野生植物等违法行为，对违反禁牧和草畜平衡行为进行处罚。2016—2019 年，全国累计查处破坏草原案件 4 万起，向司法机关移送涉嫌犯罪案件 1562 起，有力打击了违法犯罪行为的嚣张气焰。草原家庭承包制度的建立和推进，赋予了广大牧民长期稳定的草原所有权和使用权，同时增强了广大牧民的责任感，是社会主义优越性与牧民积极性的良好结合，促进了牧区畜牧业、草原经济和社会的发展。

二、草原保护制度

为了保护草原资源和改善草原生态环境，为发展新背景下的草原畜牧业提供支撑，为牧民收入提供保障，牧区应严格履行《中华人民共和国草原法》对草原提出的科学规划、全面保护、重点建设、合理利用的方针。在草原保护中，把生态放在优先位置，在生态效益、经济效益、社会效益相互协调中绿色高质量发展。为推进草原保护制度建设，《中华人民共和国草原法》在草原保护制度方面提出了多项具体措施。一是实行统一规划制度。各级地方人民政府草原行政主管部门会同同级有关部门依据《中华人民共和国草原法》，因地制宜，对草原保护、建设和利用进行协调统一、科学合理的规划，并报本级人民政府批准，规划一经批准，必须严格执行。统一规划制度的批准与实施极大地改善了生态环境，维护了生物多样性，促进了草原的可持续发展。二是实行基本草原保护制度。要求将重要的放牧场、人工草地和具有特殊生态作用的草原划为基本草原，实施严格的管理措施。三是建立草原自然保护区制度。提出将具有代表性的草原类型、珍稀濒危野生动植物分布区、具有重要生态功能和经济科研价值的草原，依法划出一定面积并予以特殊保护和管理。

三、草原建设及合理利用制度

为促进草原科学合理利用，国家从控制超载过牧、防止人为破坏和鼓励草原生态保护等方面进行了制度设计。一是草畜平衡制度。草原法规定对草原实行以草定畜、草畜平衡制度。要求科学制定草原载畜量标准，定期核定草原载畜量，并采取有效措施，防止超载过牧。部分地区草原生态极度恶化，除了气候的原因之外，超载过牧也是造成草原生态环境大范围恶化的主要原因。有限的草地资源已经不能满足无限制的索取，人口增加，牲畜增多，草畜矛盾加大，对当地牧民单靠放牧牲畜生活的少数地区，实施扶贫生态移民搬迁工程，其核心内容是"围封禁牧、收缩转移、集约经营"，实现了以草原生态恢复和牧民收入增加为目的的"两转双赢"发展思路。二是禁牧休牧制度。要求对严重退化、沙化、盐碱化、石漠化的草原和生态脆弱区的草原，实行禁牧、休牧措施。三是禁止破坏草原植被制度。《中华人民共和国草原法》规定，禁止开垦草原，禁止在荒漠、半荒漠和严重退化、沙化、盐碱化、石漠化、水土流失的草原以及生态脆弱区的草原上采挖植物和从事破坏草原植被的其他活动。四是草原生态奖补制度。为鼓励开展禁牧休牧和实施草畜平衡，自2003年开始实施退牧还草工程，并对项目区农牧户给予饲料粮补助。近年来，各地区、各有关部门有序推进生态保护补偿机制建设，并取得了阶段性进展。但总体看，生态保护补偿的范围仍然偏小、标准偏低，保护者和受益者良性互动的体制机制有待完善，于是对其进行了补充。比如：2016年国务院发布《关于健全生态保护补偿机制的意见》，对草原生态补奖政策提出了新的要求——扩大退牧还草工程实施范围，适时研究提高补助标准，逐步加大对人工饲草地和牲畜棚圈建设的支持力度。实施新一轮草原生态保护补助奖励政策，根据牧区发展和中央财力状况，合理提高禁牧补助和草畜平衡奖励标准，充实草原管护公益性岗位。五是草原征占用审核审批制度。强调进行矿藏开采和工程建设，确需征用或者使用草原的，必须经省级以上人民政府草原行政主管部门审核同意后，依照有关法规办理建设用地审批手续；建设征用使用草原的，应当对集体或承包经营者给予补偿，并缴纳草原植被恢复费。

四、草原动态监测和资源调查制度

草原调查监测是实时掌握草原资源及草原生态状况信息和发展趋势的重要手段，是科学有效管理草原的重要基础。为做好草原调查监测工作，草原法规定了几项重要制度。一是草原调查制度。强调县级以上人民政府草原行政主管部门会同同级有关部门定期进行草原调查。二是草原统计制度。要求县级以上人民政府草原行政主管部门和同级统计部门共同制定草原统计办法，依法对草原的面积、等级、产草量、载畜量等进行统计，并且定期发布草原统计资料。三是草原监测预警制度。提出县级以上人民政府草原行政主管部门对草原的面积、等级、植被构成、生产能力、自然灾害、生物灾害等草原基本状况实行动态监测，及时为本级政府和有关部门提供预警服务。在此基础上，农业部（今农业农村部）及各地草原部门根据制度要求相继组织开展了一系列区域性的草原资源试点调查，为开展全国性的草原调查打下了基础。2005年以来，农业部（今农业农村部）每年组织开展全国草原监测活动，并发布年度全国草原监测报告；在草原返青季、生长季、枯草季以及特殊气候条件下，及时向全国发布草原监测信息，科学指导草原生产和管理。2018年3月，根据第十三届全国人民代表大会第一次会议批准的国务院机构改革方案，将国家林业局的森林、湿地等资源调查和确权登记管理职责整合，组建中华人民共和国自然资源部；将国家林业局的森林防火相关职责整合，组建中华人民共和国应急管理部；将国家林业局的职责整合，组建国家林业和草原局（以下简称"林草局"），草原调查监测工作由林草局全权负责。

"十三五"以来，林草局组织23个省、自治区草原部门开展地面监测和牧户调查等工作。2016—2019年，累计收集非工程样地近2万个，样方数据近5万个，工程效益样方数据近0.4万条，入户调查数据近2.5万条。组织开展草原返青期趋势预测，草原返青期、生长期、枯黄期等物候期动态监测评价和预警。每年发布《全国草原监测报告》，科学评价我国草原生态状况和生产力水平。重构草原调查监测评价体系，初步形成以国家队伍为主导、地方队伍为骨干、市场队伍为补充、高校院所为技术支撑的草原调查监测评价组织体系。研究建立多维度的草原分类、分级、分区体系。推进草原定位观测站等科研平台建设，组织中国林业科学研究院牵头开展 10 项草原保护修复关键技术研究。

五、草原防火制度

加强草原防火工作，积极预防和扑救草原火灾，是保护草原与保障人民生命和财产安全的重要措施。1993 年，国务院颁布了《草原防火条例》，2008 年又进行了修订。根据《草原防火条例》的要求，我国草原防火工作在以下制度方面不断完善和加强：一是防火值班报告制度。2012 年，农业部（今农业农村部）草原防火指挥部印发了《草原防火值班报告制度》，规定防火期内和特殊情况，实行 24 小时值班和领导带班。二是草原火灾应急处置制度。2010 年，农业部（今农业农村部）制定了《全国草原火灾应急预案》，明确了组织指挥体系和职责任务，以及预警预防机制、应急响应、后期处置等制度措施。同年还制定了《草原火灾级别划分规定》，下发了《关于加强基层草原防火应急队伍建设的意见》。三是火情信息发布制度。2011 年，农业部（今农业农村部）印发了《关于加强草原防火信息化建设的意见》，提出建立各级草原防火网络互联互通平台、加强信息资源采集与利用、完善防火信息系统、强化信息发布等制度要求。

从 2012 年开始，国家相关部门每年都召开草原防火工作会议，总结和部署草原防火工作。2020 年国家林业和草原局召开了春季森林草原防火工作部署电视电话会议。各级林草部门肩负着疫情火情、双防双控的繁重任务，防火工作不确定因素明显增多、难度明显加大，形势不容乐观。要深刻领会习近平同志关于森林防火重要指示精神，深入思考总书记关于防火工作的"四连问"，进一步提高政治站位，强化责任意识和风险意识，采取有力有效措施，补齐防火工作短板，切实抓好森林草原防火工作，切不可麻痹大意、掉以轻心，切不可重复犯同样的错误，切不可出现重大问题。相关部门要做到以下六点：一要树立大局意识，坚持防灭火一体化；二要强化队伍建设，提升作战能力；三要认真落实防火规划，提升装备设施水平；四要创新方式方法，采取超常规防控措施；五要加大宣传力度，提升全民防火意识；六要层层传导压力，严格落实防火责任。

第二节　我国草原制度建设取得的成就

一、草原制度体系基本确立，制度布局已经成形

改革开放以来，我国草原制度建设成果丰硕，在草原保护建设方面起到重要作用：一是确立了草原承包经营制度，并加以实施和推广。二是深化了草原保护机制体制，并加以进步和创新。国家确立了"科学规划、重点建设、全面保护、合理利用"的方针，以加强草原资源保护。三是推行和强化了草原科学利用制度。通过加强草原生态环境保护、禁止过度放牧、严惩人为破坏等方面的制度设计，促进草原科学、合理地利用。四是探索和发展草原统计和检测预警制度。《中华人民共和国草原法》规定了草原调查制度、草原统计制度、草原监测预警制度等若干重要制度，以做好草原调查监测工作。五是完善和加强了草原防火制度。加强草原防火将对保护草原、保障人民生命和财产安全起到重要作用。

二、草原法制建设逐渐完善，可持续发展能力不断加强

完善草原生态文明制度建设必然需要法律制度进行引导、规范和保障。草原生态文明制度建设是调整人与自然、人与人以及人与社会之间生态实践活动的法律制度体系。近年来，我国在草原生态文明建设上做足了工作，在此过程中所取得的成果对美丽中国建设具有重大的推进作用。

近年来，我国着力展开天然草原的保护与修复工作，分步实施了牧草种子基地、天然草原退牧还草、京津风沙源治理等一系列重大草原生态工程项目，通过草原围栏建设，重度退化草原的补播改良等途径，在保护和修复草原生态环境方面取得显著成效。2020 年，全国完成种草改良面积 4 245 万亩，全国草原综合植被盖度达到 56.1%，比 2011 年提高了 5.1 个百分点；全国重点天然草原平均牲畜超载率下降到 10.1%，比 2011 年下降 17.9 个百分点；全国鲜草产量达到 11.13 亿吨，草原生态状况持续向好，生产能力稳步提升。

草原生态补奖制度进一步激励了农牧民在保护和建设草原方面的积极性，目前，更多的农牧民已投入生态畜牧业的生产方面。2020 年，落实这一政策的省（区）已超过 13 个，范围覆盖 13 个省（区）的全部牧区、半牧区，共计 657 个旗县（区、团场），用于草原生态建设的专项资金投入达到 160 亿元，

全国有超过 12 亿亩的草原实施了禁牧休养政策，有超过 26 亿亩的草原基本实现了草畜平衡。

第三节　我国草原制度建设存在的主要问题

改革开放至今，尽管我国草原制度建设取得了显著进步和成效，对规范草原保护利用行为，发展牧区经济及指导草原生态建设发挥了积极作用，但不可否认，现行草原制度还存在不少问题和缺陷，难以适应生态文明建设和草原绿色高质量发展的需要。

一、相关制度不完备，需要完善

在草原生态保护日益深入的背景下，现行制度显现出一些不能适应新形势的问题，因此，亟须对相应的制度进行修改完善。主要体现在以下方面：一是需要更加科学。例如，草畜平衡制度。该制度的要求是以草定畜，根据牧草产量确定适宜承载的牲畜数量，但实践中由于牧草（包括补饲草料）产量在空间和时间上动态变化较大，相应的家畜群体实际数量及饲草料需求也难以准确掌握，因而以草定畜实际上难以精准操作，平衡指导工作也往往滞后，需要探索其他有效形式。二是需要进行细化。例如，禁牧休牧制度规定严重退化、沙化、盐碱化、石漠化的草原和生态脆弱区的草原应该禁牧或休牧，但严重退化、沙化、盐碱化、石漠化和生态脆弱的具体标准如何把握，长期禁牧的草原何时可以解禁、如何解禁等，还需要有具体措施；对草原重要野生植物如何统筹生态及市场需求制订科学的采集计划，如何进行有效、职责明确的监督管理等，还需要进行认真的研究。三是需要不断改进。例如，草原征占用审核审批制度规定征用、使用草原超过 70 公顷的，由农业部（今农业农村部）审核，至于如何防范一些地方征而不报或化整为零规避审核，以及是否不区分草原类型、生态地位，一律按面积 70 公顷这一界线进行分级审核审批等，还应在总结实践经验的基础上继续完善。四是需要进一步强化。例如，在牧草种子生产管理方面，虽然《中华人民共和国种子法》规定草种参照该法执行，但相对于农作物种子而言，草种的种类繁多，繁育工作起步晚、基础差，尤其是监管力量非常薄弱，在当前牧草良种主要依赖进口的情况下，如何加强引种管理，如何防范外来物种入侵，如何保护和合理开发利用国内地方品种资源等，还需要有特殊的政策。

二、部分制度落实困难，需要加大力度

诸多完善的制度未能得到有效执行，因此有必要加大针对制度的执行和监督力度。一是政府重视问题。例如，统一规划制度。制度虽然要求各级政府要制定草原保护、建设、利用规划，且规划一经批准，必须严格执行。但实际上有的没有制定，有的规划质量不高，有的规划只注重项目建设，忽视保护和科学利用的手段及措施，导致很多规划流于形式。二是部门配合问题。例如，草原征占用审核审批制度在执行时往往出现国土部门不经草原行政主管部门审核同意，直接审批的情况；草原统计长期未能纳入各级统计部门的统计范围。三是经费保障问题。例如，虽然我国有五年开展一次草原调查工作的相关要求，但由于一直没能列入国家预算，以致全国性的草原调查工作长期未能组织开展；草原自然保护区建立也因为经费问题，长期以来进展不大；草原防火也因基础设施投入严重不足，在物资储备及火灾监测、预警、应急处置等方面基础仍很薄弱。四是监管力度问题。由于草原监理执法体系体制不顺、力量薄弱，且经常受执法管理环境的干扰制约，一些制度、法律法规往往难以得到很好贯彻和落实。

第四节　建立系统完整的草原生态文明制度体系

中国共产党第十九届三中全会为推进草原制度体系建设指明了方向，明确了目标和任务。当前，要认真落实《中共中央关于深化党和国家机构改革的决定》的有关要求，加强对现有制度的梳理，提出完善制度体系的基本思路、基本构架和具体措施，抓早、抓紧、抓实，尽快构建系统完备、科学规范、运行高效的草原制度体系。

一、着眼规范有效，完善制度建设

在总结草原制度执行经验和问题的基础上，有针对性地细化、修改、完善一批重点制度。一是改进草畜平衡制度和加强禁牧休牧制度。调整现有评价方法，从以牧草产量和家畜饲养数量为指标来判定放牧强度的方法，改变为以牧草现存量和草原生态状况为指标来判定放牧强度的方法，增强准确性、时效性

和易操作性；建立草原超载放牧处罚制度，制定相应处罚政策及具体标准。针对该禁不禁、禁而不严以及禁而无期、休而不实等问题，制定草原禁牧休牧强制性标准和禁牧草原解禁标准及规范；出台合理补偿与严厉惩罚措施相结合的配套政策；制定草原围栏等国家工程项目设施管护制度，明确责任主体、管理方式和管护经费来源。二是健全我国的生态补偿机制，完善生态补偿的法律制度。加快《生态补偿条例》的立法进程，使生态补偿步入正规化、制度化、法制化轨道。加大中央财政对生态补偿的投入力度，建立健全有利于生态建设和保护的财政转移支付补偿机制；开征生态环境税，设立生态补偿基金，健全自然保护区和草原生态补偿机制；健全以资源地政府为主的生态管理系统，加大对生态保护地区的扶贫力度、项目支持并开展生态补偿试点等工作。三是强化草原征占用审核审批制度。加强对征而不报、先征后报或以化整为零方式规避审核等行为的防范和惩罚措施；调整目前以 70 公顷草原面积作为农业农村部和地方分级审核标准的办法，对生态红线内草原、基本草原等，将分级审核标准控制到 35 公顷或更低，实行更加严厉的审核制度；实行草原资源有偿使用制度，制定因建设征用、使用草原的补偿标准，出台草原资源税征收办法。四是健全禁止破坏草原植被制度。出台草原重要野生植物采集计划及监管制度；进一步完善相关法律解释，加大对乱采滥挖草原野生植物资源违法行为的打击力度；加强草原行政执法与刑事司法的有效衔接，建立必要的协调协作机制，提高办案效率和质量；加快各省区草原植被恢复费征收标准的制定步伐，加强协调指导，防止地区间征收标准差异过大的问题。五是制定草原防火应急物资储备制度。从国家层面明确草原防火应急物资储备常态化经费保障渠道、补充方式、管理体制等，建立与草原防火任务相适应的物资储备体系及运行机制。六是健全草原生态红线保护制度。国家出台草原生态红线划定标准，确定红线内草原的空间布局，制定严格的用途管制制度；推动基本草原的划定，实行最严格的保护措施。七是完善生态考核及责任追究制度。开展草原资源资产核算，健全草原资源离任审计制度和生态环境损害责任终身追究制度；实行绿色国民经济核算制度，开展绿色经济核算，并纳入国家统计体系和干部考核体系，改变重视经济指标、忽视环境效益的评价方法，推动全社会走循环经济之路。八是完善产业经济发展制度。制定完善促进牧区经济发展、草地农业发展、草业科技教育、草产业发展、牧草种子生产与管理等重要政策。

二、采取有效措施，确保有效落实

现有草原制度中有的条款长期没有真正落实，有的还落实得不够好，这需要各级政府的重视，以及相关部门间的相互支持与配合。一是加快草原征占用审核审批程序规范化工作。由农业农村部与自然资源部依据相关法规，联合出台关于规范草原征占用审核审批程序的文件，指导各级草原及国土管理部门共同开展好审核审批工作；完善耕地占补平衡制度，严防将草原、草地开垦为耕地。二是启动全国草原资源调查。由国家财政部门安排专项资金，农业部门负责组织实施，使国务院关于草原调查的制度落到实处。三是开展草原统计工作。由农业农村部与国家统计局协商，共同制定草原统计的有关指标、技术规范，尽早将草原统计纳入国家统计指标体系。四是加快草原自然保护区建设步伐。制定草原自然保护区规划，国家设立草原自然保护区工程建设专项；加强农业、环保、林业等相关部门的统筹协调，合理布局，扩大自然保护区建设中草原自然保护区的建设比重及规模。五是加强草原执法人员队伍建设，重视草原行政执法人员的选拔、任用与培训，选用一批素质好、业务精、有责任的人员，充实草原行政执法队伍。

三、各部门协调合作，发挥制度效力

制度的关键是效力，要想确保制度的执行效力，必须有健全有力的保障体系。一是加强草原监理执法体系建设。要明确草原监理机构的执法主体地位，理顺草原监理体制；要加强草原监理机构建设，消除草原面积较大的省、自治区各级草原监理机构的空白点；各级政府要确保草原监理机构有效运行，配齐执法人员、配足工作经费、配好装备设施，并为落实草原制度创造良好的环境条件。二是形成监督制度执行的合力。积极构建政府高度重视、人大及社会各方面监督有效、纪检监察到位、司法机关惩处有力的良好机制，切实做到违规必纠、违法必惩和失职必追、渎职必查。三是建立制度完善的支撑体系。要加强调查研究，紧密跟踪制度执行情况，不断总结经验、发现问题，及时对制度进行修正、补充、完善；加强草原重大政策理论及关键支撑技术的研究，培养一支研究队伍，形成一批研究成果，强化草原政策理论及技术储备，为促进制度制定的科学化奠定基础。四是推动地方制度出台。各地根据国家制定的草原制度，结合自身实际，从确保执行不走样、落实更有力的角度出发，及时出台相关配套措施及具体办法，促进国家各项制度真正落地生根。同时，国家要支持各地大胆探索、先行先试，鼓励改革和创新，共同构建草原制度体系。

第六章　草原生态文明建设评价指标体系构建与应用

草原具有多种功能，它对经济发展、生态保护有着非常重要的意义。然而近些年草原环境恶化、自然灾害频繁发生，体现了牧区生态系统的脆弱性。草原生态破坏问题与我国坚持尊重自然、顺应自然、保护自然的文明理念相违背。在草原环境日趋恶化和时代背景要求下，只有加快草原生态文明建设，才能实现经济社会发展与生态环境之间的协调与平衡。

第一节　构建草原生态文明建设评价指标体系的必要性

一、生态文明建设重要性

近年来，我国就加快推进生态文明建设作出了一系列决策部署，党的第十八届五中全会提出设立统一规范的国家生态文明试验区，重在开展生态文明体制改革综合试验，规范各类试点示范，为完善生态文明制度体系探索路径、积累经验。习近平同志在十九大报告中提出建设生态文明是中华民族永续发展的千年大计。必须树立和践行"绿水青山就是金山银山"的理念，坚持节约资源和保护环境的基本国策，像对待生命一样对待生态环境，统筹山水林田湖草系统治理，实行最严格的生态环境保护制度，形成绿色发展方式和生活方式，坚定走生产发展、生活富裕、生态良好的文明发展道路，建设美丽中国，为人民创造良好生产生活环境，为全球生态安全做贡献。

二、草原生态文明建设评价的重要性

如何准确评价草原生态文明建设的具体实施效果，判断现阶段草原生态文明建设发展的水平以及其是否朝着正确的方向发展等问题变得尤为重要。构建科学合理的草原生态文明建设评价指标体系对评价草原生态文明建设水平，检

验已经开展的生态文明建设实践的有效性，发现生态文明建设过程中存在的不足具有重要作用。

第二节　生态文明建设评价指标体系研究现状

随着生态文明建设实践的开展，众多学者在不断充实完善生态文明相关理论的同时，开始关注如何科学评价现有的生态文明建设实践，以期进一步为推进生态文明建设提供建议。由于生态文明建设的复杂性、系统性，评价指标体系构建成为生态文明建设评价的主要方式。通过对相关文献的梳理，以及人们对生态文明建设评价指标的理解，大致可将其分为两种。第一种就是从系统学的层面构建指标体系，他们的观点就是将生态文明作为一个整体，根据指标体系进行评价，得出区位因素在生态文明建设中的特殊影响和作用。朱子明（2017）在对我国生态文明建设的生态效益、经济效益、社会效益进行定量评估，并在地理学的视野下，验证生态文明生产、生态文明消费和生态文明社会形成机制的空间关联性和空间差异。彭一然（2016）以生态文明建设涉及子系统、生态文明建设的核心内容为导向，构建包含"总指数—子系统—分项指标—基础指标"的中国省级层面生态文明建设评价框架。运用动态因子分析法对中国几十个省域生态文明建设下生态经济、生态环境和生态社会子系统的建设水平分别予以评价，并利用空间统计方法对中国生态文明建设总体水平予以评价，最终提出推进中国生态文明建设的发展策略。王然（2016）在中国省域生态文明评价指标体系构建与实证研究中，根据自然环境问题区域差异，基于生态文明建设的任务、绿色发展的思想等方面的考虑，构建了省域生态文明评价指标体系，然后在把握不同类型的省域生态文明评价重点的基础上，对省域文明基础评价体系的各维度指标进行调整，以构建差异化的生态文明指标体系，运用组合赋权法和集对分析方法测算中国省域生态文明指数，并从生态文明各维度指数、生态文明综合指数两方面分析各类省域生态文明发展水平，从而提出发展中国省域生态文明的建议。第二种为对具有一类特征的城市进行生态文明建设评价，并对个别具有这一特征的城市进行实证分析，对其生态文明建设进行评价。张晓芳（2015）构建出水生态文明城市建设的指标体系框架，并以苏州为例，在综合分析的基础上，给出苏州水生态文明城市指标体系各项指标的标准值。张欢、成金华（2015）建立了包括生态环境健康度、资源环境消耗强度、面源污染治理效率和居民生活宜居度四个方面共二十个指标的特大型生态文明评价指标体系，对武汉市 2006—2011 年生态文明建设情况进行了评价。

第三节　草原生态文明建设评价指标体系的构建思路

一、指导思想

十九大报告提出要坚持人与自然和谐共生，必须树立和践行"绿水青山就是金山银山"的理念，坚持节约资源和保护环境的基本国策，像对待生命一样对待生态环境，统筹山水林田湖草系统治理，实行最严格的生态环境保护制度，形成绿色发展方式和生活方式。这为草原生态文明建设评价指标体系的构建提供了理论依据。草原生态文明建设评价指标体系构建应从实际出发，体现生态文明建设要求，以形成全面且层次分明的指标体系。

二、构建思路

2018 年 5 月 18 日至 19 日，全国生态环境保护大会在北京召开。习近平在会上强调，生态文明建设是关系中华民族永续发展的根本大计。生态兴则文明兴，生态衰则文明衰。要加快构建生态文明体系，加快建立健全以生态价值观念为准则的生态文化体系、以产业生态化和生态产业化为主体的生态经济体系、以改善生态环境质量为核心的目标责任体系、以治理体系和治理能力现代化为保障的生态文明制度体系、以生态系统良性循环和环境风险有效防控为重点的生态安全体系。

在明确生态文明内涵、特征和生态文明建设构成的基础上，本章以生态文明建设的核心内容为导向，选择生态空间、生态经济、生态环境、生态生活、生态制度、生态文化作为草原生态文明评价指标体系的组成部分，从六方面衡量草原生态文明建设的水平。

三、构建原则

在建立草原生态文明建设评价指标体系的过程中，主要遵循以下原则：①主要因素原则。根据草原生态文明建设指标体系构建的指导思想及基本思路，要选择能综合反映草原生态环境问题的主要因素，从而形成评价指标体系。②科学性和系统性原则。评价指标体系的整体设计和单项指标的选取、计算与赋权都必须遵循科学性的原则，建立在对评价对象充分认识、深入分析的基础上，具备充分的理论支撑，确保整个过程科学、合理地进行。③动态性原则。生态文明在我国社会经济发展不同阶段有着不同的状态要求，是一种动态优化的过程，所评价的结果应是各个指标相对于国家质量标准，国家相关规划、政策法规和相关研究成果所确立的状态。所评价的结果，既能反映所确立的指标状态的完成程度，又能为政策制定和实施提供依据。④定量性原则。为避免主观评价可能对评价结果产生的影响，所选择的指标应是相关公报、统计年鉴所统计和发布的重要指标，或由国家公布的相关数据直接或间接计算出的数据，这些定量指标还能够在一定程度上反映所评价指标的定性内容。

第四节　草原生态文明建设评价指标体系设计

本章在对草原生态文明建设进行全面分析的基础上，遵循相关原则，参考《国家生态文明试验区》相关评价指标，设计了草原生态文明建设评价指标体系（表6–1）。

表6–1　草原生态文明建设评价指标体系

目标层	准则层	指标层
生态资源	资源基础	草场面积（万公顷）
		水资源总量（亿吨）
	资源利用水平	单位面积草产量（万吨）
		单位面积载畜量（亩/只）
		单位面积畜牧业产值（万元）
生态环境	生态保育水平	草地覆盖率（%）
	环境健康状态	草地沙化面积（万公顷）
		自然灾害率（%）
生态生活	社会公平	城镇人口和农牧民人均收入比（%）

目标层	准则层	指标层
生态生活	社会保障	医疗救助投入（万元）
		参加农村合作医疗的人数（人）
生态经济	经济水平	人均 GDP（万元）
		人均可支配收入（万元）
	产业结构	第一产业产值占 GDP 的比重（%）
		第二产业增加值（万元）
		第三产业增加值（万元）
生态空间	城市规划	行政区划面积（万公顷）
		人口密度（人 / 平方公里）
生态制度	环保治理水平	政府投入（万元）
		环境污染治理本年完成投资总额（万元）
生态文化	教育水平	农业人口比重（%）
		技术人员比重（%）

第五节　主成分分析模型

主成分分析法是研究用变量族的少数几个线性组合（新的变量族）来解释多位变量的协方差结构，挑选最佳变量子集，简化数据，解释变量间关系的一种多元统计分析方法。

设有 n 个地区的 p 个生态文明建设评价指标组成以下矩阵：

$$X = \begin{bmatrix} x^t \\ x^t \\ \vdots \\ x_n^t \end{bmatrix} = \begin{bmatrix} x & x & \cdots & x_p \\ x & x & \cdots & x_p \\ \vdots & \vdots & \cdots & \vdots \\ x_n & x_n & \cdots & x_{np} \end{bmatrix}$$

第一，原始数据的预处理。根据各指标的特性把指标分为两类：一类是正指标，该类指标对生态文明建设起到促进作用，指标值越大越好，如单位面积水资源量、草地覆盖率等；一类是逆指标，该类指标值若超过一定限度，会严重制约区域农业竞争力，要求越小越好，如草地沙化面积、自然灾害量等。根据指标的不同特性，采用不同的隶属函数将其标准化：正指标

$$P_{ij} = \frac{X_{ij} - X_{j_{min}}}{X_{j_{max}} - X_{j_{min}}}，逆指标 P_{ij} = \frac{X_{j_{max}} - X_{ij}}{X_{j_{max}} - X_{j_{min}}}。$$ 其中，P_{ij} 为第 i 个地区的第

j 个指标标准化值，X_{ij} 为第 i 个地区的第 j 个指标值，$X_{j_{min}}$ 为第 j 个指标值各地区中最小值，$X_{j_{max}}$ 为第 j 个指标值各地区中最大值，通过这种方法将数据转化为从 0 到 1 的连续数。

第二，计算标准化以后的 p 个指标的两两相关矩阵。根据无量纲化后的矩阵 $\boldsymbol{Z}$ 计算相关系数矩阵 $\boldsymbol{R} = (r_{ij}) P \times P = \dfrac{\boldsymbol{Z}^{\mathrm{T}} \boldsymbol{Z}}{n-1}$，其中 $r_{ij} = \dfrac{\sum\limits_{k=1}^{n} Z_{ki} \cdot Z_{ki}}{n-1}$

$(i, \ j = 1, 2, \cdots, P)$。

第三，计算相关系数矩阵 $\boldsymbol{R}$ 的特征根 λ_j。根据样本相关系数矩阵 $\boldsymbol{R}$，解特征方程 $|\lambda I_p - R| = 0$，得 p 个特征值 $\lambda_1 \geq \lambda_2 \geq \cdots \lambda_p \geq 0$。

第四，求累积方差贡献率及特征向量。按 $\dfrac{\sum\limits_{j=1}^{m} \lambda_j}{\sum\limits_{j=1}^{p} \lambda_j} \geq 0.85$ 确定 m，使信息的

利用达到 85% 以上。对每个 $\lambda_j \, (j = 1, 2, \cdots, \ p)$，解方程组 $Rb = \lambda_j b$，得单位向

量 $\boldsymbol{b}_j^0 = \dfrac{b_j}{\|b_j\|}$。

第五，求主成分决策阵。求出 $z_i = (z_{i1}, \ z_{i2}, \cdots, \ z_{ip})^{\mathrm{T}} \, (i = 1, 2, \cdots, \ n)$ 的主成分分量 $U_{ij} = z_{ij} b_j^0 \, (j = 1, 2, \cdots, \ m)$ 的主成分决策阵：

$$U_{ij} = \begin{bmatrix} u_1^t \\ u_2^t \\ \vdots \\ u_n^t \end{bmatrix} = \begin{bmatrix} u_{11} & u_{12} & \cdots & u_{1m} \\ u_{21} & u_{22} & \cdots & u_{2m} \\ \vdots & \vdots & & \vdots \\ u_{n1} & u_{n2} & \cdots & u_{nm} \end{bmatrix}$$

其中，u_i 为第 i 个地区的主成分向量（$i=1$，2，$\cdots$，n），它的第 j 个分量 u_{ij} 是向量 z_i 在单位特征向量 b_j 上的投影（$j=1$，2，$\cdots$，m）。

第六，主成分的综合排序。第 j 个主成分的贡献率为 $a_j = \dfrac{\lambda_j}{\sum\limits_{j=1}^{p} \lambda_j}$（$j=1,2,\cdots$，

m），用 a_j 作权数，求 u_{ij} 的加权和，可以得到第 i 地区综合评价值 $y_i = \sum\limits_{j=1}^{m} \alpha_j u_{ij}$。

可见，y 是一个以主成分的方差贡献率为权数，m 个主成分得分的加权平均数。该综合得分越高，说明该地区农业竞争力水平越高，反之则越低。值得注意的是，各样本综合得分有负有正，综合得分值为正，说明高于平均水平；综合得分值为 0 时是平均水平；综合得分值为负，说明低于平均水平。

第六节　草原生态文明建设的实证分析

内蒙古自治区是我国最早建立的少数民族自治区，其疆域辽阔，资源丰富，总面积为 118.3 万平方公里，其中草原牧区土地面积为 80.36 万平方公里，约占全区土地总面积的 68%，草原面积居全国四大牧区之首。内蒙古草原牧区具有独特的草场资源和丰富的矿产资源，包含五片重点牧区草原：呼伦贝尔草原、锡林郭勒草原、科尔沁草原、乌兰察布草原、鄂尔多斯草原。内蒙古草原是欧亚大陆草原的重要组成部分。全区水平分布的地带性天然草原植被，从东到西可分为草甸草原（森林草原）、典型草原、荒漠草原、草原化荒漠和荒漠五大类，是我国生态系统的重要支撑。因此，做好内蒙古草原生态文明建设的综合评价，运用定量分析及时把握草原生态文明建设的动态，为政府决策提供科学依据，是实现全国草原生态文明建设发展的重要手段。本章选取呼伦贝尔市、鄂尔多斯市和锡林郭勒盟进行实证分析。

生态文明建设方差贡献分析如表6-2所示。

表6-2　生态文明建设方差贡献分析

主成分	初始特征值			因子析取结果		
	特征值	方差贡献率/%	累计方差贡献率/%	特征值	方差贡献率/%	累计方差贡献率/%
1	4.930	30.811	30.811	4.930	30.811	30.811
2	3.386	21.164	51.976	3.386	21.164	51.976
3	1.881	11.758	63.734	1.881	11.758	63.734
4	1.559	9.747	73.481	1.559	9.747	73.481
5	0.926	5.788	79.268			
6	0.710	4.436	83.705			
7	0.628	3.927	87.632			
8	0.573	3.579	91.211			
9	0.481	3.007	94.217			
10	0.420	2.624	96.842			
11	0.198	1.236	98.078			
12	0.136	0.851	98.929			
13	0.102	0.639	99.568			
14	0.040	0.252	99.820			
15	0.024	0.148	99.968			
16	0.005	0.032	100.000			

从表6-2可以看到每个主成分的方差，即特征值，它的大小表示了对应主成分能够描述原有信息的多少。按照提取特征值大于1的主成分的原则，前4个主成分的累计贡献率达到73.481%，已能概括原数据绝大部分的信息，因此，这里提取只需前4个成分即可。

为了更清晰地看出各变量在主成分时的负载，我们对因子负载做了方差最大化旋转，如表6-3所示。

表 6-3　旋转后的因子负载矩阵

变　量	主　成　分			
	1	2	3	4
草场面积 / 万公顷	−0.021	−0.048	0.972	0.069
水资源总量 / 亿吨	−0.021	−0.085	0.968	0.062
单位面积草产量 / 万吨	0.911	0.035	−0.008	−0.212
单位面积载畜量 / 只	−0.449	0.768	−0.242	0.162
单位面积畜牧业产值 / 万元	−0.225	0.200	−0.238	0.804
草地覆盖率 /%	0.487	−0.616	0.331	0.202
草地沙化面积 / 万公顷	0.351	0.689	0.097	−0.335
自然灾害率 /%	0.889	−0.022	−0.088	−0.161
城镇人口和农牧民人均收入比 /%	0.527	−0.092	0.403	−0.340
医疗救助投入 / 万元	0.500	0.691	−0.039	0.105
参加农村合作医疗的人数 / 人	0.119	0.682	−0.007	−0.581
人均 GDP/ 万元	−0.820	−0.167	0.102	−0.040
人均可支配收入 / 万元	−0.151	−0.221	0.068	0.693
第一产业产值占 GDP 的比重 /%	0.068	−0.153	0.270	0.673
第二产业增加值 / 万元	0.580	0.178	−0.042	−0.392
第三产业增加值 / 万元	−0.742	0.056	−0.224	−0.002

由表 6-3 可知，从第一个主成分来看，x_3、x_8、x_9、x_{12}、x_{15}、x_{16} 的系数较大，因此第一个主成分主要反映的是单位面积草产量、自然灾害率、城镇人口和农牧民人均收入比、人均 GDP、第二产业增加值、第三产业增加值等指标，这些指标既有绝对指标，也有相对指标，所以可认为第一个主成分是综合因子。从第二个主成分来看，x_4、x_6、x_7、x_{10}、x_{11} 的系数较大。从第三个主成分来看，x_1、x_2 的系数较大。从第四个主成分来看，x_5、x_{13}、x_{14} 的系数较大。从各个主成分所代表的社会意义来看，很难从某一个主成分来确定各省农业区域竞争力的大小。而前四个主成分的累计贡献率已接近 75%，因此可用前四个主成分作为评价的综合指标。

第七章　国家级草原生态文明试验区建设的基本思路

草原生态文明是生态文明不可或缺的内容，统筹山水林田湖草系统，建设草原生态文明试验区，有助于填补我国国家级生态文明试验区的空白，推动生态文明建设迈上新台阶。本章提出了建设国家级草原生态文明试验区的意义，以及建设实验区的指导思想和基本原则。同时，明确了国家级草原生态文明试验区的战略定位和主要任务，着重提出了国家级草原生态文明试验区的建设类型和管理方式，为草原生态文明试验区的建设提供了新思路。

第一节　建设国家级草原生态文明试验区的意义

党的十九大把生态文明建设提升到了中华民族永续发展的"千年大计"的战略地位。当前我国生态文明建设水平仍滞后于经济社会发展，特别是制度体系尚不健全，体制机制瓶颈亟待突破，迫切需要加强顶层设计与地方实践相结合，开展改革创新试验，探索适合我国国情和各地发展阶段的生态文明制度模式。草原生态文明是生态文明中不可分割的一项内容，天然草地是我国最大的陆地生态系统，占国土面积的41.7%，但其畜牧业生产力较低，产值仅为农业产值的5%，约为全国畜牧业产值的1/6。草原面临着生态系统的不可持续性、环境的不可持续性和经济系统的不可持续性三大困境，草原生态系统珍贵而脆弱。党的十九大报告在中共十八届五中全会提出的"要实施山水林田湖草生态保护和修复工程"的基础上，明确要求"统筹山水林田湖草系统"，首次将草原生态系统的治理与山水林田湖草生态系统治理统筹起来。可见，没有草原生态系统的修复工程是不完整的，国家级生态文明试验区的建设更离不开草原生态文明试验区的建设。建设国家级草原生态文明试验区的意义如下：

（一）有利于推动草原农牧产业的技术创新和结构调整

建设国家级草原生态文明试验区有利于完善技术创新体系，提高综合集成创新能力，加强工艺创新与试验。有利于构建科技含量高、资源消耗低、环境污染少的产业结构，加快推动生产方式绿色化，全面推动绿色发展。

（二）有利于加快构建生态文明体系

习近平同志在全国生态环境保护大会上提出要"加快构建生态文明体系"。分析我国现有的国家级生态文明试验区体系，不难发现对草原生态文明建设体系的研究还是空白。建设国家级草原生态文明试验区，探索草原生态文化体系、草原生态经济体系、草原生态文明制度体系、草原生态安全体系、试验区目标责任体系，系统界定草原生态文明这"五大体系"，明确草原生态文明体系的基本框架，力求创造出可复制的、可推广的草原生态文明体系研究成果。

（三）有利于填补当前国家试验区类型空白

我国目前的国家级生态文明试验区建设实施省份包括福建、江西、贵州三个省份。三省中，江西"山江湖"区域占江西省面积的97.2%，主要由鄱阳湖各大流域区域组成；福建省作为全国重要的商品林用材基地，2020年全省森林覆盖率在66.8%以上，森林生态系统占比高；"八山一水一分田"赋予了贵州林业发展的广阔空间，却缺少了草原生态文明试验区的建设空间。山水林田湖草是生命共同体，全国生态环境保护大会上强调，要统筹兼顾、整体施策、多措并举，全方位、全地域、全过程开展生态文明建设，因此缺少了草原生态文明试验区是不完整的。统筹山水林田湖草系统，建设草原生态文明试验区，有助于填补我国国家级生态文明试验区的空白，推动生态文明建设迈上新台阶。

（四）有利于加快形成推进生态文明建设的良好社会风尚

建设国家级草原生态文明试验区有利于提高群众的生态文明意识，提高群众的节约意识、环保意识、生态意识，形成人人、事事、时时崇尚生态文明的社会氛围；有利于广泛开展绿色生活行动，推动全民在衣、食、住、行、游等方面加快向勤俭节约、绿色低碳、文明健康的方式转变。

第二节　建设国家级草原生态文明试验区的指导思想和基本原则

一、指导思想

在国家级草原生态文明试验区上实行不同发展阶段的草原生态文明制度探

索，持之以恒地推进草原生态文明建设，在保持经济发展的同时保护好草原生态系统及草原生态环境，将草原的生态优势转化为发展优势，实现草原绿色发展，绿色惠民，绿色带动区域经济发展。

二、基本原则

（一）兼顾可操作性和示范性

选择草原生态文明试验区既要考虑实验区的可操作性和示范性，又要考虑试验区将来的示范和推广功能，使试验区成为助推草原绿色动能、提供可借鉴的草原生态文明制度的试验田，充分发挥试验区在探索草原生态文明发展模式中的排头兵作用。通过国家级试验区的辐射带动作用，形成国家与地方互动、试验与示范相互促进的布局体系。

（二）坚持改革创新

草原生态文明试验区的建设是从无到有的，应鼓励当地试验区结合本区实际大胆探索，全方位开展草原生态文明体制改革新试验，允许试错，包容失败，及时纠错，注重总结经验。

（三）形成改革合力，严格统一规范草原各类试点示范

将各地、各部门根据中央部署开展的以及结合本地实际自行开展的生态建设领域的试点示范整合规范，具备条件的，统一放到试验区的平台上，集中改革资源，形成改革合力，实现重点突破。试验区数量要严格控制，务求改革实效，根据改革举措落实情况和试验任务需要，适时选择不同类型且具有不同代表性的地区开展试验建设。

第三节　国家级草原生态文明试验区的战略定位和主要任务

一、试验区的战略定位

（一）草原综合治理样板区

把草原作为一个经济、社会、环境融合的共同体，统筹草原开发、保护与治理，建立覆盖草原的国土空间开发保护制度，深入推进草原综合治理改革试验，全面探索草原生态、经济、社会协调发展新模式，为全国草原环境与资源开发发挥示范作用。

（二）草原生态环境保护管理制度创新区

草原生态文明试验区是承担国家草原生态文明体制改革创新试验的综合性平台，落实严格的环境保护制度和草原资源管理制度，着力解决草原经济环境发展中面临的突出生态环境问题，创新监测预警、督察执法、司法保障等体制机制，健全体现草原生态文明要求的评价考核机制，构建政府、企业、公众协同共治的草原生态环境保护新格局。

（三）草原生态扶贫共享发展示范区

探索生态扶贫新模式，进一步完善多元化的生态保护补偿制度，建立绿色价值共享机制，引导全社会参与生态文明建设，让广大人民群众共享生态文明成果。

（四）绿色崛起先行区

统筹推进草原生态文明建设与中部地区崛起等战略实施，加快绿色转型，将"生态 +"理念融入产业发展全过程、全领域，建立健全引导和约束机制，构建草原上的绿色产业体系，促进生产、消费、流通各环节绿色化，率先在草原生态文明试验区走出一条绿色崛起的新路子。

二、试验区的主要任务

草原生态作为陆地最大的生态系统，生态环境的基础水平差异较大，建立草原生态文明试验区，有利于探索草原上不同生态水平差异的生态文明制度模式，从而鼓励发挥地方首创精神，就草原中一些难度较大、确需先行探索的生态文明重大制度开展先行先试，完成草原生态文明体制改革的任务。

（1）落实草原生态文明体制改革要求。目前，草原生态文明试验区建设缺乏具体案例和经验借鉴，难度较大，需要试点试验的制度，如自然资源的产权制度、自然资源资产管理制度、主体功能区制度、"多规合一"等。

（2）解决关系群众切身利益的草原生态环境污染、资源浪费等问题。这要求推出切实可靠的生态环境监管机制、资源有偿使用机制、生态保护补偿机制等。

（3）建立能实现草原生态文明治理体系和治理能力现代化的制度。构建由草原资源资产产权制度、草原国土空间开发保护制度、草原空间规划体系、草原资源总量管理和全面节约制度、草原资源有偿使用和生态补偿制度、草原环境治理体系、草原环境治理和生态保护市场体系、草原生态文明绩效评价考核和责任追究制度等构成的产权清晰、多元参与、激励约束并重、系统完整的草原生态文明制度体系，推进草原生态文明领域国家治理体系和治理能力现代化，努力走向社会主义生态文明新时代。

第四节 国家级草原生态文明试验区的类型和管理

一、试验区的类型

草原生态文明试验区的类型划分是试验区总体规划和科学管理的重要环节。依据不同草原生态系统服务功能及生态保护目标，统筹考虑未来区域发展、访客体验、环境教育等因素，遵循完整性、等级性、相似性与差异性、发生学原则，将草原生态文明试验区按功能类型分为四个片区进行统筹，分别是核心保育区、生态保育修复区、传统利用区、居游服务区。

（一）核心保育区

该区保存有原始的草原生态系统，是重要的生态系统服务区，分布着具有代表性的珍稀濒危物种。该区的管理目标为保护草原原始的生态系统及珍稀野生动物。对该区进行封禁保育，执行严格的草畜平衡，执行野生动物保护补偿制度。在允许的范围内可开展一定的参观游憩，景观周边禁止修建与试验区整体相悖的人工设施和建筑，且游客的数量、路线和行为受试验区组织机构的统一管理。

（二）生态保育修复区

该区含有重要并脆弱的生态系统类型，包括退化草地，以及需要修复、沙化治理的重点生态治理工程项目实施区域，是草原生态保护和建设的重点区域。该区的管理目标为对退化草地及水土流失区进行修复。以自然恢复和人工恢复相结合的方式进行修复，恢复草地生态系统，阶段性禁牧，对退化草地、沙地及裸岩实施封沙育草、生物治沙等重点治理工程项目，禁止开发建设项目进入。

（三）传统利用区

该区有质量良好的草场以及相对丰富的人文资源，生态状况稳定，可在一定的约束条件下利用。该区管理目标为保护草原草甸生态系统、珍稀野生动物，开展生态畜牧业。基于草场承载力，严格实行草畜平衡。

（四）居游服务区

该区以开放的、具有重要宣教意义的自然和人文景观为基础，呈点线状分布。该区是为满足试验区必要的经济发展和当地居民生活要求而设立的区域，是生态旅游和特许经营产业发展的支撑基地。该区作为园区的支撑区域，是人口聚居和访客体验及环境教育的主要区域。该区需要在保护生态环境的前提下，建设必要的、完备的基础服务设施。

二、试验区的管理

一是草原生态文明试验区的所在地党委和政府加强组织领导，建立专门机构对试验区进行统筹和协调，明确草原生态改革的路线图和时间表，确定改革任务清单和分工，研究解决试验区建设中存在的问题。二是对试验区加强指导和支持，强化沟通协作，加大简政放权力度。试验区重大改革措施突破现有法律、行政法规、国务院文件和国务院批准的部门规章规定的，要按程序报批，取得授权后再施行。三是做好效果评估。国家发展和改革委员会、生态环境部将会同有关部门组织开展对试验区的评估和跟踪督查，对于试行有效的重大改革举措和成功经验做法，根据成熟程度分类、总结、推广。在管理过程中需要注意的问题如下：

（1）整合资源，集中开展试点试验，合理布点。对草原生态文明试验区内已展开的生态试点进行整合，统一规范管理，避免试点过多过散、交叉重复的问题。根据试验区选择的指导思想和基本要求，按照草原当地的区情特点以及当地经济社会的实际发展水平安排数量比例。

（2）建立严格的草原生态环境保护与监管体系，如促进草原生态文明产业发展体系、构建环境治理和生态保护市场体系、构建绿色共治共享制度体系、构建全过程的生态文明绩效考核和责任追究制度体系。

（3）吸引国内外先进的草场管理技术及人才，因地制宜地发展草原生态文明试验区。

（4）发动草原牧民积极参与。试验区的工作切实关系到人民的切身利益，必须认真组织社会各界共同参与，拓宽草原生态文明试验区发展的路子，使社会资源在共享的过程中发挥更大的效益。

第八章 草原生态文明建设的对策和建议

第一节 强化草原生态文明意识，筑牢中国北方生态屏障

习近平同志在全国生态环境保护大会上强调，新时代推进生态文明建设，必须坚持好以下原则：一是坚持人与自然和谐共生，坚持节约优先、保护优先、自然恢复为主的方针，像保护眼睛一样保护生态环境，像对待生命一样对待生态环境，让自然生态美景永驻人间，还自然以宁静、和谐、美丽；二是绿水青山就是金山银山，贯彻创新、协调、绿色、开放、共享的新发展理念，加快形成节约资源和保护环境的空间格局、产业结构、生产方式、生活方式，给自然生态留下休养生息的时间和空间；三是良好生态环境是最普惠的民生福祉，坚持生态惠民、生态利民、生态为民，重点解决损害群众健康的突出环境问题，不断满足人民日益增长的优美生态环境需要；四是山水林田湖草是生命共同体，要统筹兼顾、整体施策、多措并举，全方位、全地域、全过程开展生态文明建设；五是用最严格制度、最严密法治保护生态环境，加快制度创新，强化制度执行，让制度成为刚性的约束和不可触碰的高压线；六是共谋全球生态文明建设，深度参与全球环境治理，形成世界环境保护和可持续发展的解决方案，引导应对气候变化国际合作。这六点为新时代强化草原生态文明意识、筑牢中国北方生态屏障指明了方向。

草原具有防风、固沙、保土、调节气候、净化空气、涵养水源等生态功能。草原、森林、农田共同构筑了我国内陆的绿色生态空间，其中草原面积比重最大，是森林、耕地面积的总和，构成了我国绿色生态空间的主体。草原主要分布在我国生态环境的脆弱敏感区、国家生态安全的薄弱区，处于我国北方沙尘的上风口、主要江河的发源地。草原的生态地位极其重要。

我国草原类型有 18 种，拥有 1.7 万多种动植物物种，是维护我国生物多样

性的重要"基因库"。草原畜牧业特色突出，布局集中，生产潜力巨大，是特色畜产品供给的主渠道。草原植被是我国"十二五"规划的"两屏三带"（青藏高原生态屏障、黄土高原—川滇生态屏障、东北森林带、北方防沙带和南方丘陵山地带）的主体植被之一，保护建设草原对我国生态保护和修复具有重要的促进作用。

习近平同志视察内蒙古时对草原保护建设提出了明确要求，强调要加强生态环境保护，实施重大生态工程，建立生态文明制度，做到生态建设与牧民增收双赢。习近平同志的重要论述对草原保护建设具有很强的现实针对性和深远的指导意义，是我们践行草原生态文明建设的行动指南。

在新的历史时期，必须强化草原生态文明意识，从国家发展战略和生态安全全局的高度来认识草原、保护草原，让草原在生态文明建设中发挥更大作用，筑牢中国北方生态安全屏障。

一、人与草原化"对抗"为"和解"

弗腊斯认为："文明是一个对抗的过程，这个过程以其迄今为止的形式使土地贫瘠，使森林荒芜，使土壤不能产生其最初的产品，并使气候恶化。"他认为文明是人与自然之间不可避免和无法解决的"对抗过程"。但马克思、恩格斯认为人类文明之所以同自然生态发生"对抗"，无法"和解"，从而遭遇困境，其根本原因在于"到目前为止的一切生产方式"。人们一直在以主人的身份，与自然"奴仆"发生着对抗。这种对抗同样反映在人与草原的关系上。人与草原之间的矛盾之所以尖锐，是因为人们长期以来过分陶醉于对自然草原的改造，而忽视了大自然对人类的报复。滥垦、滥牧、滥采等威胁草原生态系统稳定与和谐的生产方式，使得草原生态系统出现各种各样的问题。因此，草原生态文明理应成为建设生态文明的题中应有之义。人与草原化"对抗"为"和解"，建立相互合作的伙伴关系，无疑是草原生态文明的核心内涵之一。

二、人—草原—社会的相互和谐

草原生态文明作为生态文明建设的重要组成部分，旨在提倡人—草原—社会的相互和谐。人类不仅要注重尊重和敬畏草原，也应当科学和合理开发草原，提高人们的生活质量，促进社会发展。同时，倡导自觉养护和补偿草原，使草原与人类协同进化，共同繁荣。如果没有人与草原关系以及人与人关系的和谐，就不可能有草原生态文明的出现。社会主义生态文明当然也就成为空中楼阁。因此，要重视草原生态文明建设，使人、草原、社会相互和谐。具体做法如下：

一是要尊重草原生态系统价值。把对草原生态系统的尊重与敬畏作为我们展开一切活动的前提，树立对草原生态系统自身价值的尊重意识，摒弃只注重其工具价值的错误做法。草原生态系统中的每一个主体在决策与实施行动时，都要将草原生态系统自身的利益与人类的利益联系起来，并且人类的利益要服从生态系统的利益。要认识到人类自我的利益只是眼前利益，整个生态系统的利益才是长远的利益。只有这样，才能从根本上避免人与自然的对抗。因此，我们必须将草原生态系统自身的利益作为出发点，创造和维持草原生态系统的完整、稳定和美丽。

二是要建立文明的生产方式。文明的生产方式体现在对草原生态系统的保持与促进。以经济增长为目标的农业、牧业与工业相结合的生产方式显然在破坏草原生态环境，是被生态文明排斥的。只有合理地发展牧业，采用符合草原生态规律的养殖方式，才能受到生态文明的欢迎。建议在草原地区放弃效率低下的农业生产，进行单一的牧业生产，注意对草场的保持，从游牧的生产方式中汲取有益的经验。这样做既能保持经济的增长，又可以避免破坏生态环境，完全符合草原生态的规律，值得在生态文明建设中得到采纳并加以推广。在城市地区，可大力发展第三产业，逐步取代污染严重的工业，如发展对环境影响较小的体验式旅游，以促进经济增长。

三是要建立文明的生活方式。把生态文明纳入社会主义核心价值体系，形成人人、事事、时时崇尚生态文明的社会新风尚，为草原生态文明建设奠定坚实的社会、群众基础。推动生活方式绿色化，培育生态文化，把爱护草原、提倡低碳生活、崇尚勤俭节约作为人们生活中的文化习俗，自觉在生活细节上体现绿色生态的理念。主张适度消费、合理消费。发扬传统的简朴、节约之风，避免浪费资源的高消费生活方式。

四是要筑牢全民生态保护执行力。草原保护关系各行各业、千家万户，应着力调动全社会参与保护生态的积极性，夯实全民参与、共管共享的绿色发展新理念，实现人与自然和谐共生。建议重点采取两项措施：一是提高群众生态文明意识，积极培育草原生态文化，加强草原生态文明理念宣传教育，大力弘扬传承崇尚自然的优秀民族文化，提高群众享受草原、爱护草原、保护草原的意识；二是鼓励群众积极参与，建立草原生态信息公开制度和草原生态公益诉讼制度，引导群众自觉投身草原生态保护与建设，形成崇尚生态文明、共促绿色发展的良好风尚。

第二节　加强草原生态文明的政策建设

一、强化地方政府生态服务职能

生态文明指人类遵循人、自然、社会协调发展的客观规律所取得的物质和精神成果的总和。它是以人与自然、人与人、人与社会协调共处、全面发展、良性循环为基本宗旨的社会形态。党的十七大报告第一次把"生态文明"这一概念写进党代会的政治报告之中，充分体现出国家对此的重视程度，也充分说明实现生态文明建设是当今非常重要的一项政治任务。党的十八大报告指出，建设生态文明，是关系人民福祉、关乎民族未来的长远大计。面对资源约束趋紧、环境污染严重、生态系统退化的严峻形势，必须树立尊重自然、顺应自然、保护自然的生态文明理念，把生态文明建设放在突出地位，融入经济建设、政治建设、文化建设、社会建设各方面和全过程，努力建设美丽中国，实现中华民族永续发展。总的来说，生态文明建设的目标不仅仅是为了实现整个生态系统的良性循环，更是着重强调人类务必充分遵循科学发展观的基本要求，和经济、政治、社会、文化实现全面、协调、可持续发展。党的十九大继续深化了将生态文明建设放在首要地位的"五位一体"重要思想，这对政府职能也提出了新的要求和任务，政府应由原本的环境保护职能向生态服务职能转变。所谓政府生态服务职能，就是政府遵循和谐社会发展的基本要求，坚持科学的可持续发展观，构建人与自然和谐共生的现代生态文明，义无反顾地承担起改善生态环境的公共责任，充分发挥依法为全社会提供优质的生态公共产品和良好的生态公共服务的职能作用。

二、树立建设生态文明的责任意识

政府在建设生态文明的过程中，必须树立以下几方面的意识：一是生态文化繁荣的意识。在价值观上，生态文化繁荣应该超出"人类中心主义"，并且做到重新建立人与自然之间的价值平衡关系；在世界观上，要做到跨越机械论，尤应树立有机论；在发展层面，应该超出"不增长就灭亡"这类狭隘的增长主义，不应该过于看重数量，实现人口、资源以及环境协调共同发展。二是生态工业发展。生态工业指的是环境和发展矛盾激化所带来的产物，也是人类为保护环境而对传统的生产方式进行深思的结果。实现生态文明，不是传统意义上的生态经济系统单方面追求经济效益，而是以社会、经济、生态协调发展，取得综合效益为根本目的。这就决定了在生产时必须改变高生产、高消费、高污染的传统工业化生产的模式，实现生态技术服务于社会物质生产，不仅把生态产业在产业结构中的主导地位表现出来，还把生态产业逐步作为经济增长的主要源泉。三是生态科技发展。这是建设生态文明的驱动力量。必须用生态学的观点看待科学技术发展，尽量把生态学原则逐渐渗透到科技发展的目标、方法中。四是生态制度创新。生态文明的最根本保障是生态制度创新，包括法律制度创新和转变，要制定高效的生态战略规划制度，真正做到把人和自然之间的和谐统一纳入经济发展建设。

从政府的层面和角度讲，生态文明就是利用政府的职权合理开发资源，规划、保护和监督生态环境，并在此基础上不断提高生态文明水平。这在一定程度上体现了政府是生态文明建设的主力军，在老百姓建设生态文明的任务中担任指挥和冲锋，在生态文明建设中发挥主要作用。所以，政府必须先树立建设生态文明的责任意识。在这个过程中，政府必须有保护意识。开源节流是资源利用过程中的首要任务，政府要保护现有的草场资源，定期组织开展生态文明建设的讲座或研讨会，使领导干部树立生态文明的责任意识，同时组建高素质专业化团队。

根据《财政部 农业部关于修订〈农业资源及生态保护补助资金管理办法〉的通知》，推进草原保护制度建设，全面落实基本草原保护、草原禁牧休牧轮牧和草畜平衡等制度，促进草原生态环境稳步恢复；加快推动草原畜牧业发展方式转变，提升特色畜产品生产供给水平，促进草原地区经济可持续发展。地方政府部门应树立生态文明责任意识，这对加强可持续发展观念有着重要作用，应促进政府职能转变，通过政策、立法、制度、宣传等方面全方位、多层次地保障生态文明建设。

三、更新草原生态协同治理机制，构建草原生态治理一体化框架

草原生态文明建设政策创新的重要内容是生态层面协同治理机制的创新。生态治理向来就不是一个孤立的、分割的过程，需要各个部门与社会各角色之间的协同。在草原生态协同治理机制上进行创新，就是要构建和创造一个一体化的治理框架，并在这个框架基础上对当前生态进行相应的治理。

要进一步规范在生态治理过程中政府与社会民众的关系。生态协调治理机制需要多元化的生态治理主体，这就要求生态治理不是政府的"独角戏"，而是把社会民众也纳入治理主体中。要发挥广大民众在生态治理中的作用，构建一个相关利益方面的协商机制。制定一项生态文明新政策或是新建一个产业项目，首先要做的事情就是与利益相关方的协商对话。这种协商对话机制有利于防止与生态文明原则相悖的工程实行。其次，对于积极履行社会责任行为的企业，政府应加以鼓励和引导，并提供制度支持。在生态治理过程中，政府要把企业对生态环境造成的危害最小化。最后，生态治理的监督机制需要社会民众的参与。要重视各类行业组织、公益组织、环保组织以及民众的作用。

四、协调生态建设各方利益，实现生态、经济、民生共赢

草原生态文明建设实际上涉及生态、经济和民生三方的利益，三者的效益是草原生态建设中必须注意和努力兼顾的，这也是对草原生态文明政策制定者提出的一个重要要求。对草原生态环境的保护是制定草原生态文明政策的目的之一。对草原生态环境的保护既是建设草原生态文明的重要体现，又是科学发展观和"美丽中国"的内在要求。在制定草原生态文明政策的过程中，生态保护和生态优先无论何时都应该被高度重视且认真对待。草原生态文明建设同样需要追求正常的经济效益。目前，我国草原生态文明建设过程中遇到的主要问题就是自然资源配置的不合理，具体表现为自然资源的产权不明，市场化不完善，进而造成资源浪费，严重影响经济效益。这就要求健全市场配置自然资源制度，运用市场机制来规范资源的产权问题和使用问题，升级产业结构，实现市场化改革。实践证明，社会力量不会自发走可持续发展的道路，这是因为社会有其局限性。民生问题与百姓的生活息息相关，其具体内容涉及民众的生计问题；民生问题其实是生态和经济问题两者的综合，如果不能解决，就会影响生态和经济的效益。因此，应努力实现各方利益的协调，打破政府生态文明建设政策创新中政策制定的瓶颈，形成多元参与、良性互动，实现生态、经济、民生共赢，走可持续发展的草原生态文明建设道路。

第三节 加强草原生态文明的法制建设

一、明晰草原生态可持续发展的思路

一是确立正确的指导思想。必须树立生态环境可持续发展的法律协调观。我国政府已明确提出"保护和建设好生态环境，实现可持续发展，是我国现代化建设中必须始终坚持的一项基本方针"。可持续发展的法律协调观就是要把环境、经济、人口、社会作为一个完整、协调的系统，规范人类经济开发活动与环境保护的关系，它的核心是人与自然相互协调、相互和谐的关系。

二是正确处理牧区经济社会发展与生态建设之间的关系，正确处理草原全面保护、重点建设与合理利用之间的关系，正确处理农牧民生产生活与草原生态之间的关系。草原保护建设利用要从以经济目标为主转移到生态经济社会目标并重、生态优先上来，促进牧区经济社会和草原生态的协调发展。坚持保护和发展并重，把草原生态保护和农牧民生产生活结合起来，把农牧民的长远利益和当前利益结合起来。

三是草原生态保护工作必须坚持四个原则。①坚持"预防为主、保护优先"的原则。"预防为主、保护优先"体现的是积极主动的保护思想，就是以最低的代价，达到最佳的保护效果，避免走先破坏、后治理的老路。②坚持"生态保护与生态建设并举"的原则。目前，一些地区一边退耕还林还草，一边毁林毁草开荒占地；一边退田还湖，一边围垦湿地；一边划建自然保护区，申报自然遗产，一边进行无序的旅游开发。针对这种情况，只有坚持生态保护和生态建设并举的原则，把自然恢复与人工修复相结合，才能巩固已有的生态建设成果。③坚持"谁开发谁保护、谁破坏谁恢复，谁使用谁付费、谁受益谁补偿"的原则。按照联合国"生物多样性公约"的基本宗旨，保护可持续利用和公平分享惠益应该是统一的。因此，必须按照环境资源的价值规律和公共属性，明确生态保护的责、权、利，充分运用法律、经济、行政和技术手段保护生态环境。④坚持"既要尊重经济规律，又要尊重自然客观规律"的原则。要深入研究生态环境保护的重要问题，积极探索经济与社会协调发展、人与自然和谐相处的主观规律，为重大决策提供科学依据。

二、建立健全草原环境监督体制

建设草原生态文明，必须建立一个适应新形势下生态文明建设的法律体系与监督机制，做到生态文明建设不但有法可依，而且有健全的监督机制。

生态文明建设如果仅仅停留在治理上，就只会是治标不治本。有了严格的监管体制，对违背生态文明的行为产生震慑力，才能为生态文明建设保驾护航。因此，在推进生态文明建设时，不仅要重视环境保护，还要强调对生态环境的监管。具体来说，应从以下几个层面完善生态环境监管体制：第一，加快制定并持续完善环境监管政策、法规体系。加快有关能源、环境等相关指标标准的制定，对污染物排放标准进行修改完善，实现对污染物排放的有效控制，还要加快节能统计和环境监测体系建设。在此基础上，相应地提高对生态环境的监督监管水平，旨在为生态文明建设营造良好秩序。要充分发挥环境监管机构的作用，加大行政力度，将经常性检查和组织执法相结合，在对违背生态文明建设的行为进行处理后，仍要进行跟踪调查，使处理结果得到有效落实。特别应对资源开发、利用和生态环境破坏问题给予关注，提升环境监管整体水平。第二，环境监管部门内部要权责分明，杜绝分工不明确、权责不清晰的现象发生。第三，要强化相关部门的队伍建设。加强工作人员环境责任意识，严肃面对环境监管工作，严格执行环境监管政策、法规。《中共中央 国务院关于加快推进生态文明建设的意见》和《生态文明体制改革总体方案》明确提出，要建立草原保护制度，稳定和完善草原承包经营制度，实行基本草原保护制度，健全草原生态保护补奖机制，实施禁牧休牧、划区轮牧和草畜平衡等制度。

三、强化法制，协调关系，增强草原执法能力

一是完善草原执法依据，从根本上改变立法不协调行为。首先，要改变草原执法依据不完善的状况。从立法层次讲，尽快制定草原执法相关的配套立法，使执法能真正落到实处。其次，立法解释、司法解释以及其他配套的实施细则、实施办法等要及时跟上，以保证法律规范更加切合实际情况，发挥法律规范之应有功效。最后，要及时清理和修改不合时宜的草原生态法律法规。

二是各级政府要高度重视草原管理。草原生态的重要性不言而喻，它关乎着国家安全。因此，政府的各级官员都应当对草原生态状况有足够的了解，以便为正确决策提供依据。具体而言，政府应当制定正确可行的草原利用、保护

政策，针对草原的不同类型，制定不同的保护政策。对生态功能重要的草原生态要制定专门政策重点保护。各级政府官员要加强对资源经济学、资源法学等相关理论知识的学习。另外，在政府官员的考核中增加"实行执法责任制和评议考核制"也是十分必要的。如果当地资源保护不力、破坏严重，还可以考虑适度提高考核比例。

三是协调好草原执法的三大关系。首先，协调好执法部门内部的关系，结合行政管理体制和机构改革，按照政府职能转变的要求，重新明确草原生态执法部门的职责、权限。其次，协调好草原执法部门与其他国家机关的关系。理顺草原执法部门和其他国家机关的关系也是营造良好草原执法环境的条件之一。财政部门需要及时、足额地发放草原执法活动的经费；司法部门应当竭尽所能地协助好草原执法工作。最后，在积极规范政府行政执法行为的大背景下，处理好草原执法机关与行政相对人之间的行政管理关系，进一步增强草原执法的透明度，建立健全草原执法公众参与机制。

四、培育社会法制观念，提高执法科技含量

从教育要素看，首先，草原执法机关要做好资源法律法规宣传教育工作，在宣传上要注重实效，充分发挥电视、报刊等媒体的宣传作用。通过宣传教育，要让草原使用者了解自身应尽的义务，明白自身拥有的权利，使其在管理、使用草原时依法办事、依法维护自己的合法权利，同时对草原行政管理行为进行监督。其次，要做好农牧民的草原生态保护教育工作，增设草原生态教育的相关培训，让农牧民真正认识到草原生态保护的必要性和重要性。有条件的地方和部门可以组织农牧民参加相关的草原生态建设实践，用直观教育的方法加深农牧民对草原生态的认识，从而使他们在日常学习和工作中自觉参与草原生态保护工作，同一切破坏、浪费、滥用草原的行为做斗争。

从科技要素看，要强化科技手段在草原执法中的应用。由于草原资源的丰富多样性等特点，有关草原执法的大量信息有必要使用计算机处理。同时，各地草原执法行为的关联性要求我们尽快建立各省（自治区、直辖市）、市乃至全国的草原执法互联网信息交流平台。在"规范化""协调统一""加强交流"成为行政执法工作发展总体趋势的今天，信息技术的飞速发展对草原执法环境营造的意义显得更为重要。

第四节　加强草原生态文明的经济建设

一、优化产业结构，发展生态经济

大力推动环境保护产业的发展，通过政府制定出科学、可持续的环境保护发展规划和环境标准，引导环境保护投资方向和投资强度的实现。企业受到环境保护的外部政策压力，同时政府通过多种方式鼓励企业将环境保护的行动和费用纳入自身发展战略中，以此促成和扩大环境保护市场的需求，形成和推动环境保护产品、技术和服务的产业化。

首先，政府应根据我国的实际情况制定有利于环境保护产业在同一市场下发展的相关政策与法律，制定统一的生产许可证制度、产品质量监测制度和市场准入制度，实施统一的财政、税收、金融等方面的政策与措施，打破以往地方的政策保护和管理分离的状态，努力创建一个健康、公正的市场，实现有法可依、有政策可循的环境保护产业的发展和完善。其次，制定推动环境保护技术创新的政策。目前，发展和创新环境保护技术是解决环境问题最直接而快速的方法。政府要通过制定和完善环境保护技术的政策以及相关法律法规来增强环境保护技术的开发能力和创新能力，并引导环境保护技术的结构性变革。第一，出台鼓励和奖励环境保护技术专利的开发、创造的政策。第二，对于环境保护技术的结构性变革，要从开发治理污染的技术设备转向开发降低和清除污染产生的技术和设备，以更好地治理污染。第三，加大对环境保护产业的投资力度。

在产业结构上，目前需要做出相应的调整：控制高能耗、高污染的工业；稳定发展农业；鼓励发展服务业；大力发展高新技术产业。下面我们来重点讨论如何遏制高能耗、高污染工业的过快增长和大力发展高新技术产业。首先，近年来国家在高能耗行业的结构调整和节能减排方面的努力已经初见成效，但国家统计局统计数据表明，我国的高能耗、高污染行业的增长速度依旧较快，给我国的环境保护带来了很大的压力。解决高能耗、高污染行业增长过快问题应该从以下几方面入手：尽快淘汰高能耗、污染大、生产力落后的企业，由政府出面督促，甚至依法强制执行；提高新建高能耗、高污染行业的标准和门槛，严格控制土地和银行贷款的审批，实行新建项目问责制，使项目的审批及建设过程透明公开化；严格限制高污染、高能耗的产品出口。其次，政府要加大对高新技术产业的扶持力度，推动其快速发展，不断提高新技术产业在工业产值中的比重。

正确处理发展与环境的矛盾，做到人与自然协调发展，必须尊重客观规律，充分发挥主观能动性，合理开发和利用资源，以绿色低碳发展为导向，以可持续发展为核心理念，才能提高生态文明水平，从根本上推动生态文明建设。草原地区建设工程不能以高污染、高耗能为主，而要以低污染、低耗能为主，有效合理地开发风电和太阳能发电以及建设水电站等清洁能源，力求经济发展与环境保护的协调统一。要大力发展循环经济，提高资源综合利用水平。经济发展与环境保护的协调统一模式是牧民经济提高和牧民生活富裕的根本要求。第三产业的发展是一个国家经济现代化的显著特征，注重发展第三产业，特别是旅游、教育、信息服务等现代服务业，除了能促进国民经济发展、扩大就业、提高经济效益外，对推动生态文明建设也具有重要作用。

二、加快推进草原牧区绿色高质量发展

党的十九大提出，中国特色社会主义进入新时代，我国经济已由高速增长阶段转向高质量发展阶段。推动高质量发展，就要建设现代化经济体系，这是跨越关口的迫切要求和我国发展的战略目标。因此，要深入学习领会习近平同志关于高质量发展的重要讲话精神，以习近平新时代中国特色社会主义思想为指导，切实增强推动高质量发展的自觉性和使命感，锐意进取、真抓实干，遵循"坚持质量第一，实现高水平经济循环；坚持效益优先，实现要素高效配置；坚持创新驱动，实现活力充分释放；坚持共创共享，实现以人民为中心"的高质量建设内在要求，抓好草原牧区绿色高质量发展。

（一）实施草原牧区绿色高质量发展的重要意义

1.缓解草原牧区生态环境压力，必须加快推进绿色高质量发展

党的十九大和中央经济工作会议提出要实现高质量发展，草原牧区具有实现绿色高质量发展的天然优势，草原牧区是生态环境的主体区域，草原生态是牧区最大的发展优势。推进草原牧区绿色高质量发展是实现草原牧区可持续发展的客观需要。近年来，我国草原牧区生态环境保护取得了长足进展。但草原生态系统整体仍较脆弱。草原地区自然条件总体比较严酷，降雨少、蒸发量大，部分典型草原仍存在退化的风险，草原鼠虫害、火灾、旱灾等灾害频发。从总体来看，草原生态安全仍是国家生态安全的薄弱环节。这些都要求我们必

须加快转变农业生产方式，把绿色发展摆到突出位置，加快发展资源节约型、环境友好型农业，走高质量绿色发展道路。

2.满足人民群众不断升级的消费需求，必须加快推进草原牧区绿色高质量发展

随着人民收入水平的提高，城乡居民消费结构日益升级，对草原牧区畜产品发展提出了更高期待和更多要求，对"有没有""够不够"不太关注，而是更加关注"好不好""优不优"这个问题。这就要求我们不仅要满足量的需要，还要提供多层次、多样化、个性化、优质、安全的畜产品。

3.应对激烈的国际竞争，必须加快推进草原牧区绿色高质量发展

随着畜产品国际市场的融合加深，我国畜产品国际竞争力不强的问题愈发凸显。这几年，牛肉、羊肉、奶制品进口持续增长，根据海关总署发布的数据，2020年，我国肉类（含杂碎）累计进口991万吨，同比增加60.4%，累计进口额307.33亿美元，同比增加59.6%。其中，牛肉进口211.83万吨，同比增加27.65%；羊肉进口36.50万吨，同比下降6.97%。2021年，我国进口肉类（包括碎肉）938万吨，累计进口额20 791 570万元人民币。其中，牛肉及牛杂碎进口236万吨，累计进口额8 165 424万元人民币；牛肉233万吨，累计进口额8 070 690万元人民币。进口乳品395万吨，累计进口额8 939 903万元人民币，其中奶粉154万吨，累计进口额5 770 184万元人民币。提升畜产品国际竞争力、促进国内畜牧业产业健康发展已迫在眉睫，这就要求我们加快推进草原牧区高质量发展。

（二）草原牧区绿色高质量发展的对策建议

草原绿色高质量发展是一个系统工程，必须结合实际，强化顶层设计，加快构建市场机制有效、微观主体有活力、宏观调控有度的经济体制，加快探索形成推动高质量发展的指标体系、政策体系、标准体系、统计体系、绩效评价、政绩考核，创新和完善符合高质量发展要求的制度环境。

1.加快推进草原牧区产业全面转型升级

要牢牢把握绿色高质量发展的要求，坚持以畜牧业供给侧结构性改革为主线，坚持质量兴牧、绿色兴牧，深入推进结构调整，优化生产力布局，突出牧业绿色化、优质化、特色化、品牌化，不断提升我国畜牧业综合效益和竞争力。具体来说，要做到"五个高"。

一是产品质量高。即生产的畜品在保障人的健康安全的基础上，口感更好，品质更优，营养更均衡，特色更鲜明。这就要求我们应大幅提升绿色优质

畜品供给，不断丰富畜品的种类，满足个性化、多样化、高品质的消费需求，实现畜牧业供需在高水平上的均衡。

二是产业效益高。即搞畜牧业不仅要有赚头，还要有奔头，与从事二、三产业相比，畜牧业经营的收入水平大体相当。这就需要全面构建现代畜牧业产业体系、生产体系、经营体系，加快推进牧区一、二、三产业深度融合，充分挖掘畜牧业多种功能，促进畜牧业业态更多元、形态更高级、分工更优化，不断拓展畜牧业增值空间。

三是生产效率高。即生产更加绿色，资源更加节约，环境更加友好，劳动生产率、土地产出率、资源利用率全面提高。这就要求我们加快推进资源利用方式由粗放向节约集约转变，增强科技创新的驱动作用，释放草原畜牧业改革发展活力，推动畜牧业绿色低碳循环发展。

四是国际竞争力高。即我国的畜牧业生产与国际相比，要实现同样的产品我们价格有优势，同样的价格我们品质有优势，同样的品质我们服务有优势。这就要求因地制宜地实施差别化发展，大众畜产品要在上规模、降成本上下功夫，特色畜产品要在增品种、提品质上练内功，做到人无我有、人有我优、人优我特，实现由畜牧业贸易大国向畜牧业贸易强国的转变。

五是牧民收入高。即要让畜牧业发展成果更多地惠及广大牧民，不仅让新型经营主体受益，还要让牧民平等分享畜牧业高质量发展的成果。这就要求我们既要发挥新型经营主体的示范引领作用，又要引导他们与牧户建立紧密的利益联结机制，通过保底分红、股份合作、利润返还等，带动牧民分享畜牧产业链增值收益，实现牧户与现代畜牧发展有机衔接。

2. 转变观念，构建考核体系

推动草原牧区绿色高质量发展是一场深刻的变革。具体讲，就是要加快实现"三个转变"。

一是观念要从数量优先向质量第一转变。过去的发展指导思想是数量优先、越多越好，工作的导向主要是围着增产转。当下畜牧业生产连年丰收，数量已经不是主要问题了，质量成为主要矛盾。抓畜牧业一定要抓质量，推动牧区绿色高质量发展，转变传统观念，牢固树立质量第一、效益优先的理念，坚持质量就是效益、质量就是竞争力，所有的工作都要围绕提升质量来谋划，尽快实现由总量扩张到质量提升的转变。

二是政策支持要从增产导向向提质导向转变。过去我们的政策目标大多是扶持增产，支持领域大多是生产环节，支持方式大多是给钱给物，这对推动畜牧业增产增收发挥了很大作用。如今，畜牧业发展形势、目标和要求发生了根本变化，政策也必须进行调整。推动畜牧业绿色高质量发展，必须加快制定相应的政策体系，推动科技研发、畜牧业补贴、项目投资等主要投向绿色发展、质量提升、效益提高等方面。

三是考评方式要从注重考核总量向注重考核质量效益转变。过去是以产量论英雄，如今根据畜牧业发展新趋势，必须转变这种导向，要以质量效益论英雄。要加快构建推动畜牧业绿色高质量发展的考核评价体系，把环境友好、绿色发展、质量安全、带动牧民增收等作为重要考核指标，引导人才、科技、装备等各方面力量聚合到质量兴牧上来。

3. 整合资源，齐心协力，共同参与

推进畜牧业绿色高质量发展是一项系统工程，也是一项长期且艰巨的任务。质量兴牧不仅是畜产品质量安全的问题，也不是畜产品质量安全监管一个部门的事，还需要整合各行业、各领域资源，齐心协力围绕推动畜牧业高质量发展想办法、出对策、献力量。

一要明确畜牧业绿色高质量发展的"主力军"。主管部门要扛起质量兴牧的大旗，把推动畜牧业高质量发展摆在重要位置，深入谋划和推动出台重大行动、重大工程、重大政策。各省区市主管部门要同向用力、上下联动，形成强大工作合力，确保草原牧区绿色高质量发展取得成效。

二要汇聚畜牧业绿色高质量发展的"同盟军"。推进质量兴牧，加强沟通协调，积极争取相关部门的大力支持。同时，要积极引导金融资本、工商资本和民间资本共同参与、合力推动。要调动一切可以调动的力量，积极引导媒体、专家、公众、社会组织等各方参与，在更大范围、更广领域汇聚推进质量兴牧工作的正能量。

三、尽快完善草原生态文明建设的投融资机制

草原生态文明建设是我国生态建设的重中之重。多年来，对草原生态功能的认识不到位、体制僵化等多种原因导致草原生态文明建设资金问题日益突出，虽然国家对该领域的投入越来越多，但草原生态文明建设资金仍然短缺，投融资渠道仍较为单一。因此，尽快完善草原生态文明建设的投融资机制，确保资金到位，是草原生态文明建设的重要保障。

生态建设资金是我国专门用于环境保护的一项重要专项资金，自20世纪末我国实施大规模的生态保护与建设工程以来，我国在生态保护与建设方面投

入了巨额资金。令人难以置信的是，虽然资金投入较多，但并未从根本上改善生态系统。推进草原生态建设在一定程度上促进了草原生态文明建设，但令人意想不到的是，草原生态虽然在部分地方得到了改善，但整体趋于恶化的状态。这其中也凸显了一个严峻的问题：草原生态建设资金筹资和投资运作不规范，针对资金的使用和效益评价也存在较多的制约因素，从而无法合理利用草原生态资金，对草原生态文明建设造成了阻碍。只有科学规范地使用草原生态建设资金，才能发挥出草原生态建设的最大效益，促进生态文明建设的良性发展，真正改善民生。从这个意义上讲，必须科学规划、完善草原生态文明建设的投融资机制，这样才能为草原生态文明建设的发展提供科学依据。

促进草原生态文明建设投融资方式的规范和完善，解决当前存在的诸多投融资问题，需要创新投融资理念和手段，积极借鉴先进理念，引入更加多元化的生态重建投融资模式。通过对我国现有生态文明建设投融资现状的调查分析，发现当前制约生态文明建设投融资模式的关键问题是过于依赖政府投资，市场化程度低，金融部门、民间资本等利用率低，补偿机制不完善。因此，新的投融资模式应该在坚持以政府投资为主体的基础上充分调动市场积极性。引入政府财政资助的市场化投资方式，需要做好以下三个方面的工作：

一是坚持以政府投资为主，加大财政投资力度。由于草原生态文明建设的特殊性，新的投融资模式仍然必须以政府投资为主。但政府财政的投资方式与实现路径不应再采取政府纯直接投入的方式，而应该采取政府资助的市场投资方式。政府财政资助的投资方式符合生态文明建设的需求，因为生态文明建设带有较大的公益性，其功能如果全部实现市场化，将无法发挥真正的生态效益。政府的公共服务的性质使其能够支配财政收入，并用于生态建设过程中。但为了保证投资的效率和公平，仍需采用市场化的运作手段。具体的投资方式主要依靠改变经营权、经济补助以及政府参股三个方面。

二是完善草原生态文明建设补偿激励机制。为了吸引民间资本和农牧民参与草原生态文明建设，我们需要不断完善草原生态补偿激励机制，具体方法如下：

（1）以政府投入为长效机制。政府部门要着眼于生态保护，制定更加稳健的财政投入和资金帮扶机制，要实施更加严格的专项资金管理制度，针对资金管理的每一个环节进行严格监督，保证专款专用，发现任何挤占挪用生态建设资金的行为，都要严格进行处罚，不留情面地进行打击，确保全面落实奖励激励机制。

（2）完善激励机制。要结合农牧区对草原生态建设的个性化需求，在参考其他地区生态建设思路和方法的基础上，结合本地生态面临的形势，因地制宜，针对不同情况出台差异化的补偿办法和补偿标准，做好数据分析和提炼，按部就班地开展各种补偿工作。

（3）进一步规范生态补偿。针对草原地区的生态补偿，必须发挥政府、金融机构和农牧民等相关主体的作用，逐步建立更加专业化的市场机构，在深入把握国家生态保护和生态建设特点的基础上，发挥政府的主导作用，采取措施加强生态文明建设意义和做法方面的宣传，建立更加细致的草原生态补偿制度。政府部门和商业银行、农牧民要加强沟通，定期就一些政策实施、补偿标准和评估机制等方面的问题进行探讨，并及时公布项目实施和进度情况。

（4）制定更加完善的保障机制。法律法规及相关机制是促进草原生态文明建设资金问题解决的重要基础，要在充分调查研究的基础上尽快制定草原生态建设和环境保护方面的法律法规，对不同主体和客体在生态保护和生态建设方面的职责进行严格区分，推动草原生态保护、生态建设和补偿机制的法制化。要尽快构建完备的生态文明建设保险支撑体系，为建立更加专业化、科学化的生态文明建设资金投融资模式提供更大的支持。

三是逐步构建市场化的草原生态投资体系。要完善草原生态文明建设的投融资模式，从而引入更多的投融资渠道，为此我们必须形成市场化的草原生态投资体系。

（1）完善牧区金融组织体系建设和金融服务功能。第一，国家要针对草原生态文明建设周期长、见效慢的特点，设立草原生态文明建设长期支持贷款，并予以财政贴息补助，满足农牧民草原生态文明建设贷款的需求。第二，适当放宽支农再贷款条件，在有效控制风险的前提下，农牧区金融组织应探索"草场产权"抵押贷款，针对目前的特殊情况，设计合理的、能满足牧民需求的贷款种类，实行差异化金融服务，满足牧区生态文明建设的资金需求。第三，充分发挥政策性金融功能，对草原生态龙头企业和治理草原荒漠化重点项目给予优惠的长期贷款扶持。第四，创新金融服务，支持草原生态保护。牧区金融组织要创新业务品种和服务模式，大力支持牧区发展现代草原畜牧业。

（2）鼓励民间资本进入草原生态文明建设领域。要充分发挥财政资金的引导和带动作用，拓宽民间投资领域，鼓励民间资本参与农村牧区基础设施建设和现代农牧业经营。政府应当制定相对宽松的市场准入门槛，鼓励民间资本进入生态文明建设领域，以承包等方式参与沙漠治理、植树造林等工程；鼓励民间资本发起成立生态类投资公司，募集资金投向草原生态保护项目。

第五节　加强草原生态文明的社会建设

一、加强与社会组织之间的合作

社会组织包括社会自治组织，各种非政府组织、非营利组织、公民的志愿性社团、行业协会、公共社区组织等群体性社会团体，均属于社会组织范畴。从新公共管理理论上看，政府在管理中的角色主要是把握大局的掌舵人。对社会的管理应注重运用科学的方法，统筹兼顾，调动社会力量，为社会的健康发展服务。要学会"放权"，使更多的社会力量参与其中，帮助政府进行管理。加强地方政府与社会组织的合作，旨在强化社会组织的监督，保障政府的行为不偏移。社会监督是我国法律体系中很重要的一部分，在社会监督中社会组织发挥着不可或缺的作用。在推进生态文明建设中，国家出台了一系列的环境保护法律，然而具体实施效果有待完善，仍存在不少环境污染现象。究其原因，在很大程度上是地方政府在实施环节上出了问题，而社会组织在面对这种行政职能的"缺位"时，可以依法向上级主管部门投诉建议，从而加大对生态环境保护相关法律的执法力度。

二、培养企业和公民的生态文明意识

生态文明建设不能单独依靠政府，仅凭政府单方面的力量是无法提供所有环境服务的，争取企业的力量一同推动环境科技发展、进行生态文明建设愈来愈有必要。企业的社会责任就是指企业在创造利润、对股东利益负责的同时，要承担对员工、消费者、社区和环境的社会责任。但就目前情况来看，企业的社会责任感并未建立，企业在生产中对环境间接甚至直接产生污染的情况仍存在，因此应尽快加强对企业的生态文明意识培养，将由企业造成的污染扼杀在摇篮中。目前，政府主要是依靠政策、法规来规范企业行为，提高企业在生态文明建设中的自觉意识，提升生态文明建设的整体进度。第一，引导、培养企业履行相关政策、法规，对企业的生产设备进行除污、净化，对生产过程中造成的污染能够自觉在期限内进行清理、恢复。鼓励企业用科学技术武装自己，开发更环保、更清洁的新项目，利用可再生能源，在保证经济效益的同时注重环境保护。第二，对节能减排、自行处理污染物的企业进行有力的鼓励，使生态产业和高新技术得以更好地发展，加快生态文明建设进程。

环境保护实施是一项社会性系统工程，贯穿在生产、生活、流通、消费等各个社会环节，公民作为每个环节的参与者和受益者，应成为环境保护的重要参与者。首先，提高公民的环境保护意识和主体权利意识。在全社会普及环境保护的价值观念，使环境保护的意识迅速在全社会范围内渗透。同时，要努力建立健全民主参与的机制，增强公民的权利意识，鼓励和引导公民在环境保护过程中有序参与和监督，使公民逐渐意识到环境保护的参与不仅仅是自己的权利，也是自身的义务。其次，完善和发展公民环境保护的参与机制需要完善公民参与环境保护的基本法律制度。在制定和修改相关环境领域的法律时，应该对"公民参与"做出一般性法律规定和具体法律规定。"公民参与"的一般性法律规定是指在《中华人民共和国环境保护法》或以后的环境法典中把"公民参与"作为独立的章节，并在此章节中规定公民参与的权利、义务、范围、途径、程序、保障等，这样就可以避免在使用不同法律规定或政策时发生冲突，弥补法律漏洞。"公民参与"的具体法律规定是指在其一般性法律规定的范围之内，环境保护的相关具体政策和法律要规定"公民参与"的细则，使公民在环境保护的参与方面有切实的政策和法律保障，目前，《中华人民共和国环境影响评价法》中就具体规定了公民参与的相关细则。最后，公民作为环境政策的附加性资源力量，需要政府为其提供一个具有充分权力和信息的激励体系，其中包括获得环境信息的权利、公众及社会团体参与环境诉讼的权利等，并加强相关基础性设施的建设。

三、加快实施草原牧区振兴战略

党的十八大以来，牧区发展取得了重大成就，"三牧"工作积累了丰富经验，为实施草原牧区振兴战略奠定了良好基础。在此基础上，必须切实增强责任感、使命感、紧迫感，以更大的决心、更明确的目标、更有力的决策加快推进草原牧区振兴战略。

（一）完善领导体制机制

各级党委、政府要牢固树立大局意识、准确把握"三牧"工作新的历史方位，以草原牧区优先发展为原则，着力抓好草原牧区振兴这一重大战略任务。健全党委统一领导、政府负责、党委牧区工作部门统筹协调的工作领导体制。

建立实施草原牧区振兴战略领导责任制，实行省区负总责、盟市旗县抓落实的工作机制。党政主要领导是第一责任人，五级书记抓草原牧区振兴，旗县委书记要当好"一线总指挥"。各部门要按照职责，加强工作指导，强化资源要素支持和制度供给，做好协同配合，形成合力。

（二）强化草原牧区振兴规划引领

要科学编制草原牧区振兴规划，各地区、各部门要结合实际编制草原牧区振兴地方规划和专项规划或方案。加强各类规划的统筹管理和系统衔接，形成城乡融合、区域一体、"多规合一"的规划体系。根据发展现状和需要，分类有序地推进草原牧区振兴，对具备条件的乡村，要加快推进城镇基础设施和公共服务向其延伸；对自然历史文化资源丰富的乡村，要统筹兼顾保护与发展；对生存条件恶劣、生态环境脆弱的乡村，要积极稳妥地实施生态移民搬迁；对边境地区乡村，要采取特殊扶持政策，保障固边戍边需要。

（三）加快现代畜牧业发展

其一，草原牧区稳步提高畜牧业占第一产业的比重。以现代化示范牧场创建为引领，统筹畜牧业标准化规模养殖项目，大力培育家庭牧场、合作社、养殖大户等新型经营主体，增加牧区家庭牧场和标准化规模养殖比重，提高标准化、集约化、规模化饲养水平。加快优势区域畜牧业发展，积极探索马、驼、驴等其他畜种产业化发展路径，培育畜牧业发展新优势。其二，加强畜牧业基础设施建设，推进牲畜棚圈改造升级，加强人工草地和饲草料储备库建设，增强牧区防灾减灾能力。加快实施"改盐增草（饲）兴牧示范工程"和优质饲草工程，大力推进粮改饲，扩大青贮玉米、苜蓿等饲草生产种植面积，建成一批草产业园区和饲草料基地。其三，大力促进一、二、三产业融合发展。把现代产业发展理念和组织方式引入畜牧业，延伸产业链，打造供应链，提高附加值，促进草原牧区产业提质增效、多元发展。加快行业整合和跨区域联合与合作，培育产业化领军企业，落实畜产品产地初加工补助和畜产品深加工固定资产投资财政补助政策，支持主产牧区畜产品就地加工转化增值。

（四）加强畜产品品牌建设

完善畜产品品牌建设政策支持体系，分行业、有重点、有计划地推进"三品一标"认证、畜产品气候品质认证和名优品牌培育工作。启动绿色畜产品区域公用品牌建设工程，优先在牛羊肉、奶制品等优势主导产业培育区域公用品牌，支持草原牧区将产品品质、产地环境和工艺技术相结合培育区域优势品牌，支持各行各业等组织注册和应用地理标志商标。探索建立优质畜产品品牌宣传推广目录，扶持畜产品加工企业申请认定中国驰名商标。

（五）促进牧民增收

构建牧民收入增长长效机制，拓宽牧民增收渠道，保持草原牧区居民收入增速快于城镇居民。挖掘经营性收入潜力，积极发展新产业新业态，协助牧民获得更多产业利润。加快草原牧区集体产权制度改革，推动资源变资产、资金变股金、牧民变股东，进一步增加财产性收入。完善牧民收入性补贴政策，不断拓展转移性收入。

（六）推进农村牧区社会保障体系建设

完善统一的草原牧区牧民基本医疗保险制度和大病保险制度，对建档立卡贫困人口实行政策倾斜。完善草原牧区牧民基本养老保险制度和缴费补贴政策，稳步提高基础养老金标准。统筹城乡社会救助体系，加强低保对象精准识别动态管理，完善低保标准动态调整机制。推进草原牧区牧民住房保障体系建设，确保进城落户牧民与当地城镇居民同等享有政府提供基本住房保障的权利。构建多层次草原牧区养老保障体系，创新多元化照料服务模式，推广草原牧区"互助幸福院"和"养老育幼"做法，加强草原牧区敬老院建设，实现老年人"老有所养、老有所居、老有所乐"。

第六节　加强草原生态文明的文化建设

一、强化生态文明教育，培养生态型人才

生态文明建设离不开"生态人"的培养。从民众的思想入手，从青少年开始培养生态型人才，是生态文明建设中最具有长效机制的"武器"，只有人人认同生态文明建设，整个社会形成统一价值观，生态文明概念才能深入人心。要形成生态文明价值观，离不开"生态人"的培养，"生态人"的培养可以从以下两个方面入手。一方面是学校教育。学校作为青少年教育的最主要阵地，对生态文明教育责无旁贷。首先，应在课本中加入有关生态文明思想的内容并将其放在重要位置，把保护环境意识培养作为人才培养及人才考核标准的一部分。其次，在课程安排上加入与生态文明有关的实践课，如观察植物生长状态、动物生活习性等，以生动有趣的方式唤起学生对环境的保护意识。另一方

面是家庭教育。家庭教育作为除学校教育外的第二个阵地，起着不可小觑的作用。家庭教育是学校教育和社会教育所不可替代的，它潜移默化地影响着青少年世界观、人生观、价值观的形成。要想培养青少年的生态文明意识，必须强调家庭教育的基础性作用，以"润物细无声"的方式影响青少年保护自然的观念、崇尚节俭的消费观等。

二、加大生态文明建设的宣传力度

草原生态文明建设需要得到公众的广泛认可与支持。草原生态文化的形成需要政府部门广泛开展宣传教育，使草原生态文明理念融入人们的工作生活，形成一种"生态思维方式"，构建全社会参与草原生态文明建设的模式。一是通过组织形式多样的环保志愿活动提高人们参与草原生态文明建设的积极性，如那达慕大会等。二是充分发挥各种新闻媒体的作用，特别是新媒体力量，宣传草原生态文明理念及草原生态文明建设的重要意义和作用，提倡绿色节俭的消费观。三是政府部门积极发挥带动示范作用，为草原生态文明建设做出表率，争当草原生态文明建设的"开路先锋"。草原生态文明意识的形成、草原生态文明建设思路的确立、草原生态文明建设体系的构建是草原生态文明建设的重要组成部分，对于加快草原生态文明建设有着重要意义。

三、发展新型草原文化，倡导生态文明

建设环境友好型社会文化是人类思想观念领域的深刻变革，是对传统工业文明和生活文明的重新检讨，是在更高层次上对自然法则的尊重与回归。环境友好型社会文化是指有利于促进人与环境、人与人关于环境关系和谐发展的文化，有利于促进经济、社会和环境保护协调发展的文化。因此，只有在草原生态文明建设中大力倡导建设环境友好型的新型草原文化，才能把被动的环境守法行为转化为主动的环境守法行为和护法行为，在全草原牧区形成自觉遵守环境法律的风尚，促进牧区之间的环境互信、沟通和协作。培养环境友好型草原文化、倡导草原生态文明应从以下几个方面入手：一是牧民环境文化的培养要强调全民性和综合性，强调国家的职责，牧民的义务参与要同牧民的主动参与相结合，注重环境信息的提供；二是参与培养草原新文化的主体要众多，大众传播工具、博物馆、图书馆、文化机构、自然保护机构、旅游组织等相关组织都要参与进来，力求形式多样，使内容更加丰富多彩。

第九章 草原生态文明建设的实证分析

面对草原生态条件优劣迥异的实际情况，如何因地制宜地推动草原生态文明建设，是一个值得深入研究的重要课题。近年来，许多地区从实际出发，大力推进草原生态文明建设，走出了一条良好的草原生态文明建设之路，成为全国各地竞相学习和借鉴的成功典范。

第一节 青海省持续加大草原生态建设力度

根据青海省第三次全国国土调查结果，青海省草地面积是 3947.08 万公顷，仅次于新疆维吾尔自治区、内蒙古自治区和西藏自治区，居全国第四位，是重要的草地生态畜牧业区之一。近年来，青海省不断加大保护建设力度，草原生态文明建设取得显著成效。全省草原生态环境总体好转。青海省加大草原生态保护修复力度，先后实施一系列重大生态工程。经过多年努力，青海省草原生态环境持续好转，出现稳中向好趋势。2020 年，全省草原综合植被盖度达到57.4%，比 2015 年提高 3.82 个百分点。2020 年，全省牛羊分别存栏 652.3 万头、1343.5 万只，分别增长 31.9%、1.3%；牛出栏 189 万头，增长 27.6%；羊出栏 774 万只，略有下降。牛羊肉价格一直保持高位运行，养殖主体增收明显。2020 年，青海省内地表水流出净水量为 954.98 亿立方米，与 2016 年相比增加 463.58 亿立方米，近 5 年年均增长超过了 92 亿立方米。

2018 年，牧民人均纯收入 9315 元，其中人均草原生态补奖收入 3017 元。全省牧区 11.3 万户享受游牧民定居政策，53 万多牧民定居在县城、集镇（乡），形成 173 个定居社区。6 万多户牧民在游牧活动中使用上了草原新帐篷，对天然草原的依赖程度不断降低。同时，增进了藏区各民族团结和社会和谐稳定。

经过多年探索和努力，青海积累了独具特色的草原文明保护建设经验，主要体现在以下几个方面。

一、建立国家公园

2021 年 4 月 7 日，青海省政府新闻办、省林草局举行《2020 年青海省国土绿化公报》（以下简称《公报》）新闻发布会。《公报》显示，2020 年，青海省在全国率先启动自然保护地调查评估和整合优化，将全省 109 处各级各类自然保护地整合优化为 79 处，自然保护地总面积增加 3.41 万平方公里，以国家公园为主体的新型自然保护地体系初步成形。新创建 4 个国家草原自然公园，青海尖扎坎布拉丹霞峰林地质公园被推荐为联合国教科文组织世界地质公园申报单位，新建青海同德石藏丹霞国家地质公园。全年完成国土绿化 46 万公顷，其中营造林 21.8 万公顷，草原修复治理 24.2 万公顷。全省森林覆盖率提高到 7.5%，森林蓄积量增加到 4993 万立方米，草原综合植被盖度达到 57.4%。

同时，青海省形成了生态保护新的空间格局，实现了对重要自然生态系统的有效保护。2021 年，三江源国家公园体制试点任务已全面完成，正式设立三江源国家公园。规划建设青海湖、昆仑山国家公园。2022 年底，青海省将初步形成覆盖全面、分类合理、布局科学的自然保护地体系新格局，建成统一管理、协同高效、多方参与的生态治理新体系，使人与自然和谐发展、自然保护地内外生态保护和民生发展协调互进的新局面初步显现。同时，率先在整合优化完善自然保护地、创新自然保护地管理体制、建立自然保护地资金保障机制、推进自然保护地科学有效管理、探索人与自然和谐共生五个方面形成示范，成为全国自然保护地体系建设的样板。计划到 2025 年，以国家公园为主体的自然保护地体系更加健全，统一的分级管理体制更加完善，保护管理效能明显提高，建成具有国内和国际影响力的自然保护地典范。

二、坚持分类施策

根据不同生态区域草原保护建设需要，青海省规划实施了退牧还草及三江源、祁连山生态保护建设等重大生态治理工程。2020 年，国家发展改革委下达青海省 2020 年三江源生态保护和建设二期工程、祁连山生态保护与建设综合治理工程中央预算内投资 9.7 亿元。重点实施了草原围栏建设、改良退化草地、治理黑土滩及沙化草原、建设人工饲草料基地、防治草原鼠虫害等项目，并为牧户改善了生产基础设施。从 2011 年起，开始实施草原补奖政策，对 1666.67 万公顷中度以上退化天然草原实施禁牧补助，对 1533.33 万公顷可利用草原实施草畜平衡奖励。设立了草原生态管护员岗位，初步建立了点成线、网成面的管护体系。强化了草原生态补奖绩效管理，在全省范围内全面开展绩效考核。将涉牧政策捆绑实施，坚持以生态畜牧业为目标、以草原补奖机制为手段、以游牧民定居工程为保障、以饲草料产业为基础，"四位一体"整体推进、综合施策，不仅提高了政策执行效率，提升了畜牧业转型发展和草原保护水平，而且使牧民生活发生了显著变化。建立了饲草料生产、加工、储备体系，已初步形成了企业、合作社规模化种植加工为主、牧户种植为辅、东西联动、农牧结合的草产业格局。

三、推进体制创新

青海省修订完善了《青海省实施〈草原法〉办法》，落实基本草原保护制度，开展了草原承包确权登记试点，出台了《青海省规范化草原流转工作的指导意见》，从 2008 年开始探索发展草原生态畜牧业，从体制、机制上初步闯出了一条符合青海省实际的草地畜牧业发展新路子。草原生态保护建设与生态畜牧业相结合，实现了从"生产功能为主"到"生产生态有机结合、生态优先"的理念创新，推动了草原传统畜牧业的创新发展。此外，青海省从 2006 年起取消对三江源地区的 GDP 考核，逐步探索建立新型绿色政绩考核体系。2010 年，开展生态补偿试点工作，印发了《关于探索建立三江源生态补偿机制的若干意见》和《三江源生态补偿机制试行办法》，着眼于解决生态文明建设面临的一些深层次矛盾，加大重点领域和关键环节改革力度，在重大政策和体制机制创新上先行先试。出台了《关于进一步完善草原承包工作的意见》《青海省草原生态保护补助奖励资金绩效评价办法》《青海省天然草原禁牧和草畜平衡管理暂行办法》等一系列制度办法。依托三江源生态保护建设、青海湖流域生态工程草原监测项目和农业部（今农业农村部）草原监测等项目，从 2005 年开展草原监测，监测样地数量从 300 个增加到 694 个，固定牧户调查 400 户，2021 年草原监测样地 1378 个，覆盖全省所有草原类。结合草原补奖政策落实，建立了牧户信息与草原管理相匹配的信息管理系统，强化资金发放、牲畜核减、承包草原变化等的监管力度。

四、强化生态保护监管

按照中共中央、国务院关于推进生态文明体制改革的要求，青海省紧紧围绕"源头保护、过程控制、损害赔偿、责任追究"，稳定和完善草原承包经营制度，规范承包经营权流转。强化草原禁牧休牧和草畜平衡管理，落实资源管控措施。加强草原监督管理制度建设和机制创新，建立健全并推进草畜平衡制度、禁牧休牧等制度，确保草原生态保护和建设的顺利推进。同时，通过草地资源和生态环境的预测、预警调控牧区社会、经济与自然环境之间的生态关系，保障草原资源利用、环境保护和经济增长的良性循环。另外，青海省积极探索，不断完善，全面建立权属明晰、保护有序、评价科学、利用合理、监管到位的草原生态文明制度体系，促进草原实现休养生息、永续发展。完善全民所有草原资源分级行使所有权制度、全民所有草原资源资产有偿使用制度。建立草原生态空间用途管制制度、基本草原保护制度、草原生态补偿机制。建立草原动态监测预警制度、草原承载力监测预警机制、草原生态价值评估制度。建立健全禁牧休牧轮牧和草畜平衡制度、草原类国家公园体制。探索建立草业科技研究和推广的奖励机制，提升草原生态保护建设水平。此外，青海省注重提升科技支撑水平，建立健全农牧业技术推广服务体系，创建科技服务平台，加大科技创新力度，积极推广农牧业实用技术，加强基层技术人员配备，扩大服务范围，转变服务职能，提高服务水平。开展农牧民实用技术培训，强化农牧民转产专业培训。广泛普及草原科技知识，弘扬绿色文明。强化依法治草，落实《中华人民共和国草原法》，完善相关规章制度，加强对草原征用占用审批监督，严格控制草原非牧使用，依法查处草原违法案件，巩固草原生态建设成果，建设好草原生态屏障。

第二节　内蒙古锡林郭勒盟创新生态文明体制

2021年，锡林郭勒盟自然保护区面积193.51万公顷。其中，国家级自然保护区2个，面积67.89万公顷；盟级自然保护区2个，自治区级自然保护区7个，生态地位极其重要。20世纪80年代中期，锡林郭勒盟在全国草原牧区率先推行"草畜双承包"，落实草牧场"双权一制"，牧区生产力得到空前释放。但是随着牲畜头数急剧增长，草原生态负荷越来越重，加之气候条件、自然灾害、生产开发、监管滞后等原因，草原生态功能大幅下降，发展与保护的矛盾日益凸显。进入21世纪，国家相继实施京津风沙源治理、生态移民、退耕还林、禁牧舍饲、草原生态补奖等政策和生态建设工程，锡林郭勒盟借助生态修复项目支撑，深刻反思、吸取教训，统筹考虑草原生态保护和经济社会发展，先后提出并实施"围封转移""一转双赢""两转双赢"，在加强生态保护建设上发挥了重要作用。通过制度建设和工程措施，全盟草原生态得到有效恢复。党的十八大以来，锡林郭勒盟认真贯彻党中央大政方针和习近平同志重要讲话重要指示精神，全面落实自治区党委、政府部署要求，把加强生态保护建设作为全局性、战略性的头等大事，摆在经济社会发展的突出位置，坚持节约优先、保护优先、自然修复为主，立足地区实际，不断完善制度机制，加大生态系统修复力度，生态保护建设实现了"整体遏制、局部好转"的重大转变。特别是围绕深入贯彻绿色发展理念，推动生态保护建设步入制度化、法治化轨道，突出问题导向，扎实推进生态文明体制改革，探索出了一条符合地区实际的生态保护建设新路子。

一、创新管理体制

近年来，锡林郭勒盟把制度体系建设作为生态文明建设的根本保障，按照源头预防、过程控制、损害赔偿、责任追究四个层面设计，进一步完善保护草原的生态制度体系，用最严格的生态文明制度为发展保驾护航，制定出台《关于加快推进生态文明建设的实施意见》《关于进一步加强草原保护利用建设促进全盟草原生态持续好转的实施意见》《生态环境联合执法综合治理工作方案》等政策文件，初步形成了一套较为完整的制度体系，生态环境管理逐步迈入了规范化轨道。

二、完善制度机制

党的十八大以来，锡林郭勒盟立足本地实际，深化生态文明体制改革，建立完善制度体系，把生态文明建设纳入法治化、制度化轨道，制定出台了《关于加快推进生态文明建设的实施意见》《天然打草场轮刈保护制度》《领导干部生态环境损害责任追究办法（试行）》等21个制度文件，全盟生态保护制度体系初步形成。

三、加强修复治理

统筹山水林田湖草系统治理，认真组织实施京津风沙源治理二期、退耕还林还草、重点区域绿化、小流域治理、草地修复、矿山治理等重点生态建设工程，加快建设樟子松、沙地榆、灌木柳、水源涵养林、低质低效林改造、浑善达克沙地综合治理"六个百万亩"基地，启动实施浑善达克13.33万公顷规模化林场建设工程，持续加大生态环境修复力度。2021年，全区严格落实草畜平衡和禁牧休牧制度，实施退化草原人工种草生态修复国家试点项目，修复面积

5066.67 万公顷，草原生态环境逐步好转。"十三五"期间，全区 47% 的国土面积划入生态红线管控范围。投资 14 亿元，完成生态治理 81.13 万公顷，发放奖补资金 5.27 亿元，草原平均植被盖度较 5 年前提高 3 个百分点。浑善达克沙地规模化林场人工造林、森林质量精准提升、森林抚育、补植补造 2.2 万公顷，人工种草 3.13 万公顷，实施小流域综合治理 30 平方千米。饲草料种植面积由 2.27 万公顷增加到 3 万公顷。

四、强化执法监管

建立林业、生态、环保、水利、农牧等多部门协调联动综合执法机制，实行常态化执法检查，强化对非法开垦草原、禁牧和草畜平衡、水资源保护、矿山环境、旅游景区的管理。严守水资源管理"三条红线"，健全用水控制指标、实时监控、考核评估体系，科学利用和保护水资源。对 29 个水功能区和 17 个入河排污口实施检测，对 4 个重要水系 128 条河、58 个湖泊全面推行河湖长制。加强对重点排污企业、工业园区、矿山企业的风险排查整治，查处环境违法行为 787 起。认真落实去产能任务，关闭退出煤矿 7 处，退出产能 780 万吨/年。2018 年开始实行执法关口前移，年查处案件数较上年增加 6.7%，破坏草原面积较上年下降 53.4%，有效解决了先破坏、后处罚、治理难的问题。

五、严格责任追究

编制完成盟级自然资源资产实物量变动表，积极推进西乌珠穆沁旗和多伦县编表工作。开发生态保护建设管理系统，建立全盟生态资源信息平台，对自然资源资产底账实行数字化网络管理和动态监控。积极建立自治区生态环境损害责任终身追究制试点，在全区率先建立领导干部生态环境保护工作任期考核制度和具体考核办法、责任追究办法，明确了土地草牧场征占使用、草原植被、林地湿地、空气质量、水质达标、自然区保护六个方面 28 项具体考核指标，对地方党委政府和责任单位实施评分制考核，考核结果作为党政领导班子和领导干部综合考评、提拔使用、追责问责的重要依据。实行《旗县市（区）党委书记抓生态建设述职制度》和生态环境保护约谈制度，累计约谈 12 个存在超载过牧问题的旗县分管领导。

六、坚持生态惠民

锡林郭勒盟着眼于实现保护草原生态和增加农牧民收入"双赢"，在研究制定新一轮草原生态保护补奖政策时，新增资金重点向两大沙地、四大水系以及自然保护区、湿地等生态功能区倾斜，建立草原重要生态功能保护区补偿试点，划定面积约 13.36 万公顷，实施 5 年禁牧保护，结合禁牧区转移安置、脱贫攻坚等政策，促进当地牧民搬迁转移、稳定就业、增加收入。《锡林郭勒盟行政公署 2021 年度工作报告》显示，2020 年，城乡常住居民人均可支配收入年均增长 6.5% 和 9%。累计投入扶贫资金 44 亿元，8 个贫困旗县、228 个贫困嘎查村、5.2 万名建档立卡贫困人口全部脱贫摘帽，农牧民生活质量日益改善。

因地制宜实施"减羊增牛"。据锡林郭勒盟统计局 2020 年夏季牧业普查数据显示，全盟牧业年度牲畜总头数 1311.99 万头只，同比增加 14.28 万头（只），增长 1.1%。其中，大牲畜和羊存栏 1308.75 万头（只），同比增加 14.8 万头（只），增长 1.14%；牛存栏 172.96 万头，同比增加 12.96 万头，增长 8.1%；羊存栏 1110.27 万只，同比增加 1.31 万只，增长 0.1%；生猪存栏 3.24 万口，同比减少 0.53 万口，下降 14.1%。

按照"禁牧不禁养、减畜不减肉、减畜不减收"的总体思路，兼顾草原生态保护和肉食品有效供给，加快转变畜牧业生产方式。2017 年以来连续两年天然草场载畜量出现负增长，2018 年牲畜超载率为 -13.1%。2018 年以来常态化推行春季牧草返青期休牧，全盟累计投入补偿资金 3.4 亿元，促进草牧场休养生息，实现草原资源合理利用。

总的来说，"十三五"期间，全盟坚决贯彻生态优先绿色发展的理念，筑牢我国北方生态安全屏障，通过创新生态文明制度建设积极推动经济转型，严格执行自治区主体功能区规划和草场禁牧、休牧、划区轮牧以及草畜平衡制度，实施草牧场"三权分置"，严守生态保护红线、环境质量底线、资源利用上线和环境准入负面清单"三线一单"制度，全面落实生态保护补助奖励政策，创新"河湖长＋检察长"联动检查机制，扎实推进京津风沙源治理等一批生态工程。深入实施浑善达克、乌珠穆沁沙地重度危害区域综合治理和科尔沁沙地专项治理，完成治理面积 8.88 万公顷，草原退化沙化趋势基本得到遏制，草原生态压力不断减轻。锡林浩特市毛登牧场和白银库伦牧场、东乌珠穆沁旗、乌拉盖管理区等六个草原牧场入选首批国家草原自然公园试点建设名单。毛登牧场"有机青干草"通过中绿华夏有机食品认证中心认证。正蓝旗上都河国家湿地公园通过国家林业和草原局验收，正式成为国家湿地公园。持续抓好污染防治和草原生态保护工作，持续加强生态修复治理，实施浑善达克沙地综合治理产业发展试点和露天矿山综合整治、绿色矿山推进计划，完成林业生态工程

6.33 万公顷、矿山治理 31.35 平方千米，新建自治区级绿色矿山 12 家。严格落实禁牧、休牧制度和草原生态补奖政策。锡林郭勒草原国家级自然保护区、古日格斯台国家级自然保护区、浑善达克沙地柏自治区级自然保护区等六个自然保护区内 67 家工矿企业的 77 个探矿权、73 个采矿权全部退出，生态环境底色得到进一步净化。

第三节　内蒙古呼伦贝尔市积极探索草原生态文明建设

呼伦贝尔市有天然草原约 999.3 万公顷，占内蒙古自治区草原总面积的 11.4%，占全市土地面积的 39.2%，其中可利用草原面积约 920 万公顷。呼伦贝尔草原是呼伦贝尔市天然草原的主体，面积约为 806.7 万公顷，占全市天然草原总面积的 81.3%。呼伦贝尔草原是我国北方重要的生态安全屏障，有着重要的生产和生态功能。近年来，呼伦贝尔市积极探索草原生态文明建设并取得显著成效，这对我国其他民族地区草原生态文明建设具有积极的借鉴作用。

一、制定生态文明建设规划与政策

呼伦贝尔市认真贯彻落实党中央、国务院以及内蒙古自治区关于生态文明建设的决策部署，结合自身实际制定了一系列生态文明建设的相关规划与政策。1999 年，国家环保总局出台的《关于批准河北省赤城县等地为第四批全国生态示范区建设试点地区的批复》正式批准呼伦贝尔盟（2001 年撤盟建市）为全国生态示范区建设试点地区。2000 年，呼伦贝尔盟行署编制的《呼伦贝尔生态示范区建设规划》提出生态示范区建设目标，依照治理保护和适度开发利用的方针，到 2010 年基本建成社会紧急和自然协调发展的国家生态屏障和高效、优质、低耗的绿色产业基地。2005 年，呼伦贝尔市政府出台《关于加强呼伦贝尔草原保护建设的决定》，要求加强呼伦贝尔草原保护建设，促进草原生态良性循环。明确了草原保护建设工作的任务；实行基本草原保护制度；支持鼓励草原建设，恢复生态环境；合理利用草原资源，促进草业持续发展；加大草原监理机构队伍建设。2010 年，颁布实施《呼伦贝尔市生态市建设规划》，规划实施分为两个阶段，力争到 2017 年，把呼伦贝尔建成国家级生态市，在生态文明建设方面走在全区前列；到 2020 年，全市经济结构、产业布局、生态环境系统和社会管理体系符合可持续发展要求，基本达到建成生态型经济强市目标。2017年，呼伦贝尔市政府出台《呼伦贝尔市草原生态保护补助奖励政策实施方案（2016—2020年）》，要求全面落实国家实施新一轮的草原生态保护补助奖励政策。目前，这些规划基本实现。

据内蒙古自治区人民政府发布的《呼伦贝尔市2021年政府工作报告》，"十三五"期间，呼伦贝尔市生态文明建设持续加强。呼伦湖生态综合治理成效明显。全面落实习近平同志重要指示批示精神，加大项目实施和科研执法力度，修编方案确定的治理项目全部完成、治理目标全部实现，湖面面积稳定在2030平方千米以上，流域生态环境持续向好。生态保护修复工程深入实施。完成禁牧11.2万公顷、草畜平衡578.07万公顷、天保工程238.2万公顷、造林绿化4.07万公顷、退耕还林还草试点1.33万公顷。实施新巴尔虎黄羊自然保护区野生动物保护项目。制定一河一策、一湖一策管理保护实施方案，累计完成河湖划界864条、88个。生态文明制度体系不断完善。出台绿色发展指导意见，加快推进国家公园申报，全面启动国家生态文明建设示范市创建工作。深入开展自然资源资产负债表试点和领导干部自然资源资产审计，健全完善生态环境监管体制和生态环境损害赔偿、自然资源有偿使用、生态补偿等制度。2020年，呼伦贝尔市成功承办第九届中国国际生态竞争力峰会，下辖县级市牙克石市、根河市分别获评"国家森林康养基地""全国森林康养基地试点建设市"。

2020年，呼伦贝尔市人民政府办公室颁布《呼伦贝尔市国家生态文明建设示范市规划（2019—2025年）》，正式启动呼伦贝尔市国家生态文明建设示范市创建工作。按照规划目标，呼伦贝尔市立足区位优势和资源环境承载能力，以生态优先、绿色发展为导向，以构筑国家北方生态安全屏障和增进边疆各族人民福祉为根本，倾力打造"一山、两水、一区、多点"的生态安全格局，逐步建立健康优美的生态环境体系、绿色循环的生态产业体系、安逸祥和的人居环境体系、文明繁荣的生态文化体系、保障强劲的生态制度体系。到2025年，呼伦贝尔市将建成制度完善、环境优美、产业兴旺、生态宜居、生活富裕、社会和谐的国家级生态文明建设示范市。据了解，参照生态环境部2019年9月颁布的《国家生态文明建设示范县、市指标》，呼伦贝尔市生态文明建设示范市创建活动将重点围绕生态制度、生态安全、生态空间、生态经济、生态生活、生态文化六大体系37项指标展开。

二、加强对自然环境的保护

自然环境保护是呼伦贝尔市生态文明建设的重要方面，呼伦贝尔围绕自然环境保护投入了大量资源。"十一五"期间，呼伦贝尔市为生态建设投入资金 17.4 亿元，实施了天保工程、重点公益林保护、退耕还林还草等工程。在保护呼伦贝尔大草原方面，发放草原生态补助资金 26 亿元，禁牧和草畜平衡 666.67 万公顷。针对沙漠化问题，综合治理投入 8.8 亿元，治理 36.13 万公顷，减少了荒漠化和沙化面积。"十三五"期间，呼伦贝尔继续推动生态环境保护，除加大呼伦湖治理力度外，还全面实施了大兴安岭森林、河湖水系和黑土地保护治理工程，以及海拉尔西山自治区级自然保护区、海拉尔河和伊敏河生态修复工程。总之，呼伦贝尔市围绕退耕退牧、造林工程、治理沙漠化、水环境保护与修复等方面工作，建设森林城市和低碳试点城市。2020 年，全市共禁牧 11.2 万公顷、草畜平衡 578.07 万公顷、天保工程 238.2 万公顷、造林绿化 4.07 万公顷、退耕还林还草试点 1.33 万公顷。实施"一河一策""一湖一策"管理保护实施方案，累计完成河湖划界 864 条、88 个。2020 年，全市草原总面积 993 万公顷，其中可利用面积达到 920 万公顷。草原综合植被盖度达到 75.8%，森林蓄积量 12.7 亿立方米。水资源总量 316 亿立方米，其中地表水资源量 298 亿立方米，地下水资源量 18 亿立方米。成功创建国家卫生城市，全市空气质量优良天数 100%，排在 12 个盟市首位。据相关部门统计，全市森林生态系统服务功能年价值量达 6870 亿元，荣获"最具生态竞争力城市"称号。

2017 年，落实新一轮草原生态补奖政策，禁牧 112.47 万公顷，草畜平衡 578.07 万公顷，6.3 亿元补奖资金顺利发放。2020 年退耕还草任务 1800 公顷，540 万元，其中鄂温克旗 1333.33 公顷，400 万元；陈旗 233.33 公顷，70 万元；特泥河农牧场 233.33 公顷，70 万元。根据内蒙古自治区发展改革委、林草局《关于下达森林草原资源培育专项 2020 年中央预算内投资计划的通知》，新巴尔虎右旗总规模 3.07 万公顷中，围栏建设 0.33 万公顷（休牧），退化草原改良 2.67 万公顷，毒害草治理 666.67 公顷。项目总投资 2718 万元，其中休牧工程投资 125 万元，退化草原改良 2400 万元，毒害草治理 140 万元，前期费用投资 53 万元（包括监理费用 15 万元，其他前期费用 38 万元）。新巴尔虎左旗总规模 1.03 万公顷中，划区轮牧 6666.67 公顷（围栏），退化草原改良 2333 公顷，毒害草治理 1333 公顷。项目总投资 755 万元，其中围栏投资 250 万元，退化草原改良 210 万元，毒害草治理 280 万元，前期费用投资 15 万元（其中监理费用 3.775 万元，其他前期费用 11.225 万元）。陈巴尔虎旗总规模 2.97 万公顷中，季节性休牧 6000 公顷（围栏），退化草原改良 1.77 万公顷，人工种草 3333 公顷，毒害草治理 2667 公顷。项目总投资 3 442 万元，其中季节性休牧围栏 225 万元，退化草原改良 1590 万元，人工种草 1000 万元，毒害草治理 560 万元，前期费用投资 67 万元。鄂温克族自治旗总规模 1.33 万公顷中，围栏 0.73 万公顷，人工种草 0.53 万公顷，毒害草治理 0.07 万公顷。项目总投资 2055 万元，其中，围栏投资 275 万元，人工种草 1600 万元，毒害草治理 140 万元，前期费用投资 40 万元（其中监理费用 6.17 万元，其他前期费用 33.83 万元）。呼伦贝尔农垦总规模 6667 公顷中，退化草原改良 6667 公顷。总投资 612 万元，其中退化草原改良 600 万元，前期费用投资 12 万元。

三、推动产业现代化

呼伦贝尔市实施奶业振兴战略，严格落实奶业振兴规划，优化奶业布局。建设优质奶源基地，支持发展适度规模的奶牛养殖场，大力发展家庭牧场。引导和支持居民投入奶业，种植高产苜蓿和粮饲兼用玉米，强化饲草饲料供给。以打造全国高端液态奶生产基地、优质干乳制品和特色民族奶制品重要产区为目标，鼓励和支持企业加大技术改造和产品研发力度，开发优质干乳制品和高端液态奶产品。呼伦贝尔市继续挖掘传统优势产业旅游资源，融合文化元素，提高地区知名度，发展新兴服务业，将全域旅游作为重要的服务业增长引擎，具体举措如下：①推进全域旅游产业发展。呼伦贝尔以原生态、国际化、全域游的旅游业为引擎，带动服务业发展，做大做优旅游业。②有关部门以"大草原、大雪原、大花园、大族源"为主题，推动旅游与自然生态、民族民俗、文化体育的深度融合。打造了一批自然景观和地域文化深度融合、具有较大影响力的精品景区，如呼伦贝尔民族文化园和满洲里中俄边境旅游区等。③开发草原森林旅游观光列车系列项目，开展"田园综合体"建设，规划建设了一批"小特精"的农区特色村落、牧区庄园牧场、林区森林康养、垦区特色风光等民俗体验式旅游项目。

四、建设生态草牧业试验区

为从根本上解决草畜矛盾，促进草原系统休养生息，从 2015 年下半年起，呼伦贝尔农垦集团有限公司与中国科学院合作，建设生态草牧业示范区，积极开展人工草地种植、天然牧草改良、退牧还草等试验工作。生态草牧业试验区就是在牧区利用面积不足 10%、水热条件适宜的耕地，建立集约化人工草地，使优质饲草产量提高 10 倍以上，从根本上解决草畜矛盾，从而让天然草地得到休养生息。集约化人工草地的建设从根本上将转变呼伦贝尔畜牧业的发展方式，使试验区内草牧业生产力水平大幅度提升，畜产品供给保障能力得以强化，退化草原生态系统得以恢复和改良，生物多样性得到保护，草原生态系统服务功能得以有效提升。

第四节　内蒙古鄂尔多斯市大力推进草原高效保护利用

近年来，鄂尔多斯市坚持将生态建设作为最大的基础建设，实现了由生态恶化地区向绿色城市的历史性转变，"绿色里程"持续延伸。

一、草原生态环境持续好转

党的十八大以来，鄂尔多斯市秉承绿色发展理念，为实现草原的高效保护利用，出台了一系列政策文件，如《鄂尔多斯市草原保护建设利用总体规划（2014—2020年）》《鄂尔多斯市人民政府关于进一步做好禁牧休牧和禁止开荒工作的通知》《鄂尔多斯市禁牧休牧和草畜平衡监督管理办法》《关于畜禽禁养区划定工作方案》等，并取得了良好的效果，全市草原生态状况得到进一步改善。草原监测数据表明，鄂尔多斯市典型草原面积为225.44万公顷，可利用面积为193.41万公顷。共分为两个亚类，其中平原丘陵典型草原亚类分布于准格尔旗、东胜区、达拉特旗的南部、伊金霍洛旗的东北部和杭锦旗的独贵塔拉镇，草原面积为49.63万公顷，可利用草原面积为44.63万公顷；沙地典型草原亚类分布于准格尔旗的东部和北部，达拉特旗的东部、南部和西部，伊金霍洛旗、乌审旗、杭锦旗、鄂托克旗、鄂托克前旗的东部。草原面积为175.81万亩，可利用草原面积为148.78万公顷。

2020年，鄂尔多斯市全年共完成造林面积12.09万公顷，森林覆盖率27.3%，植被盖度稳定在70%以上。全国第五次荒漠化和沙化土地监测结果与第四次相比，5年间流动沙丘面积减少了3.27万公顷，重度和极重度沙化土地面积减少了7.65万公顷，植被盖度大于60%的面积增加了10.36万公顷，沙漠扩展趋势得到有效控制，实现了由"沙逼人退"到"绿进沙退"；5年间毛乌素沙地流动沙丘面积减少了29.05万公顷，重度和极重度沙化土地面积减少了41.88万公顷，植被盖度大于60%的面积增加了17.99万公顷。其中，伊金霍洛旗2020年天然草原可利用面积403 493公顷，产草量17 405万千克，可食草产量7920万千克，理论载畜量21.4万绵羊单位；人工草地保有量1.2万公顷，冷季可食草产量 2670 万千克，理论载畜量 7.2 万绵羊单位；农作物秸秆地 0.75 万公顷，可食草产量 10 000 万千克，理论载畜量为 27 万绵羊单位；青贮计划储备 0.5 万公顷，冷季可食草产量 12 150 万千克，折干草 36 450 万千克，理论载畜量 98.5 万绵羊单位；树枝叶可食草产量 13 000 万千克，理论载畜量 35.1 万绵羊单位；精料地面积 2.1 万公顷，精料量 7888.8 万千克，折可食干草 23 666.4 万千克，理论载畜量 63.9 万绵羊单位。总计可食产草总量 93 706.4 万千克，总理论载畜量 253.1 万绵羊单位。

二、创新畜牧业经营机制

习近平同志在党的十八届五中全会上提出的创新、协调、绿色、开放、共享"五大发展理念"，把创新提到首要位置，指明了我国发展的方向和要求，代表了当今世界发展潮流，体现了我们党认识把握发展规律的深化。鄂尔多斯市用创新发展理念引领畜牧业改革，表现在以下四个方面：一是草牧场和水浇地流转速度加快。在"统筹城乡、集约发展"战略指导下，牧区畜牧业规模经营快速推进，促进牧区畜牧业由粗放经营向集约化发展方向转变。2019 年，鄂尔多斯市政府公布的《全市农村牧区土地承包经营权流转暂行办法》提出，农村牧区土地承包经营权流转需服务和适应全市现代农牧业发展、社会主义新农村、新牧区建设以及改善生态环境的要求。二是支持农牧民之间的自发流转。支持农牧民以转包、出租、入股等方式向龙头企业、农牧业生产公司、种养大户进行土地承包经营权的流转。三是鼓励农村牧区土地承包经营权流转要以实现农村牧区土地草牧场规模化经营为前提，优先受让具有一定投资实力和发展现代农牧业的、积极性高的合作经济组织、企业、种养大户。四是鼓励规模经营主体对土地基础设施进行投入。对受让方面积较大、流转期限较长的经营主体，符合条件的，优先安排农田草牧场基本建设、土地整理、农业综合开发、特色农畜产品基地建设、农机补贴等项目。

2021 年，鄂尔多斯市农牧局表示，自"千名农技人员送科技到基层"行动开展以来，农牧业创新能力和服务效能得到明显提升，为实现农牧业高质高效、乡村宜居宜业、农牧民富裕富足提供了有力的科技支撑。鄂尔多斯市农牧局从市、旗两级农牧系统抽调专业技术人员 456 名，组建了 8 支农牧业科技服务队（除康巴什区外），层层发力，上下齐动，实现农牧业科技服务网格化和全覆盖，做到科技服务"旗不漏乡、乡不漏村"。科技服务队到基层开展技术服务指导共计出动 9132 人次，其中市级出动 2135 人次，旗区出动 6997 人次。

服务农牧户、企业、合作社等农牧业经营主体累计 60 944 个。服务队在全市范围内，针对玉米产业开展品种优化、全程机械化及相关技术装备推广，推广玉米优质专用品种面积 24.07 万公顷，新品种 2.47 万公顷；针对绒毛肉产业开展提质增效、高效繁殖等技术推广和绒毛检测等服务指导，提升阿尔巴斯绒山羊、鄂尔多斯细毛羊等优势产业竞争力。在鄂托克旗阿尔巴斯白绒山羊核心产区，服务队链接市农牧业投资发展有限公司、亿维白绒山羊有限责任公司、11家农牧民专业合作社和 458 户农牧示范户，构建了"党支部＋龙头企业＋合作组织＋农牧民＋产业振兴"发展模式，搭建科技服务关系，培育优质种公羊 149 只，人工授精覆盖 147 户入社示范户，推广分级整理等技术，开展细度检测 25 960 多只，开展分部位抓绒 16 237 只，集中收储销售原绒达 15.14 吨。对丘陵山区小杂粮、盐碱地水稻等作物提供关键技术指导和核心农机具引进服务，帮助准格尔旗沙圪堵镇布尔洞村种植小杂粮 40 多公顷，助力打造"一村一品"；科学指导青贮玉米种植 5.4 万公顷，优化苜蓿、燕麦种植技术，改善重点区域优质饲草料供给问题；适宜地区渔业技术服务指导成效显著，南美白对虾养殖实现产业化，稻渔综合种养规模不断扩大，以渔改碱，循环发展成为主流，杭锦旗独贵塔拉镇部署建设盐碱水池塘养殖技术示范 200 公顷，准格尔旗十二连城乡盐碱水域设施化"棚＋塘"接力养殖模式示范 166.67 公顷。服务队针对性提高"成果可视化"的技术推广方式比重，以农业科技园区、科技示范基地、新品种试验点、科技示范户等主体为典型，为农牧民搭建起"观效择技""看禾选种"的展示平台。通过鄂尔多斯国家农业科技园区、现代农牧业产业园等"阵地"，科技服务覆盖面积达 2 万多公顷，40 多家企业、300 多家农业合作社及 4600 多户农牧民因此受益。重点建设服务科技示范基地 27 个，涵盖粮油作物、蔬菜瓜果、肉禽水产等各个方面，集成展示绿色高效技术、模式，辐射带动周边作用显著。

三、大力推进农村牧区牧民人口转移

协调发展理念是对马克思主义关于协调发展理论的创造性运用，是我们党对经济社会发展规律认识的深化和升华，为理顺发展关系、拓展发展空间、提升发展效能提供了根本遵循。鄂尔多斯市坚持"解决农业问题从非农产业上找出路，解决农村问题从加快推进城镇化上找出路，解决农民问题从减少和转移农牧民上找出路"，着力推进"三化"互动、城乡联动。鄂尔多斯市将转移农村牧区人口作为统筹城乡发展的核心，作为改善生态，打造现代农牧业，建设

新农村、新牧区的突破口,加快农村牧区人口向城镇和非农产业的有序转移。为推进人口转移工程,鄂尔多斯市深入实施"四个一"配套工程,即为转移进城的农牧民"提供一套住房、找到一份工作、落实一份社保、发放一份补贴",使转移进城的农牧民"移得出、稳得住、能致富"。第七次全国人口普查公报显示,鄂尔多斯市全市常住人口中,居住在城镇的人口为1 667 962人,占77.45%;居住在乡村的人口为485 676人,占22.55%。与2010年第六次全国人口普查相比,城镇人口增加318 708人,乡村人口减少105 723人,城镇人口比重上升7.92个百分点。人口大量向城镇转移,减轻了人口对草原的压力,并为草牧场和水浇地向大户流转集中及发展畜牧业规模经营创造了条件。

四、构建开放型畜牧业系统

鄂尔多斯市在畜牧业发展中,实行积极主动的开放战略,完善互利共赢、多元平衡、高效安全的开放型畜牧业体系。一是在开放畜牧业系统方面,通过整合牧户资源进行规模经营,突破封闭的畜牧业家庭经营系统,实现畜牧业向质量效益型的转变。二是通过饲草料地的流转与建设,构建农业对畜牧业的支撑体系。三是种养业、畜产品加工业、销售和生态旅游餐饮业呈现出三次产业联动式发展态势;在兴和县赛乌素等优势区域内,饲草料种植加工户、养殖场户、加工销售物流企业、生态旅游餐饮户、服务机构等有机结合形成产业群体雏形,产业集群推进的趋势已初步显现。四是在创新生态建设方式方面,通过工业反哺支撑生态建设,同时通过推进牧区人口转移以及"以种促养"缓解生态压力,使得牧区生态得以恢复。

五、持续改善农牧民生产生活

鄂尔多斯市始终坚持共享发展,让全面小康的成果惠及全体农牧民。近年来,鄂尔多斯市为了改善农牧民生活,出台了《鄂尔多斯市新型职业农牧民培育工作方案》等政策文件,为促进农牧业发展、农牧民持续增收提供了保障。据鄂尔多斯统计局相关数据显示,2020年,鄂尔多斯现价农林牧渔及服务业总产值230.3亿元,按可比价格计算比上年增长3.3%。其中,农业产值132.4亿元;林业产值6.7亿元;牧业产值84.8亿元;渔业产值2.2亿元;农林牧渔服务业产值4.2亿元。随着国民经济的快速发展和科学技术的进步,农牧民生产生活得到了很大的改善,收入有了明显提高。2020年,鄂尔多斯农村牧区常住居民人均可支配收入为21 576元,同比增长7.5%。农牧民人均生活消费支出

16 206 元，同比下降 2.1%。城镇居民家庭食品支出占家庭消费总支出的比重为 15.2%，农村为 19.1%。

六、产业化拉动草原生态文明建设

进入 21 世纪以来，鄂尔多斯市委、市政府抢抓国家实施西部大开发战略的历史机遇，深入实际调查研究，认真总结典型经验，解放思想，更新观念，确立了"瞄准市场、调整结构、改善生态、增效增收"的农牧业发展思路和"建设绿色大市、畜牧业强市"的奋斗目标，积极推进生态产业化进程等措施。值得重视的是，鄂尔多斯市在深入发展草原生态保护建设实践中，不断认识并逐渐探索出一条实施生态建设产业化、发展生态绿色经济、逆向拉动生态快速恢复建设的新路径，为全市大力开发和发展草产业、沙产业、生态产业和旅游产业注入了新的活力。

鄂尔多斯市坚持在生态环境治理建设中搞开发，以开发促治理、促建设、促效益，实现了生态治理建设和推进产业化开发的结合，这样不仅可以为开展生态环境保护建设积累资金扩大再建设，而且还可以促进生态植被建设规模的扩大，同时为全力打造绿色屏障、不断向深度和广度延伸、实现可持续发展走出了新的路子。目前，全市在生态产业化建设中，呈现出以下类型：一是草料加工养殖系列；二是营养保健品系列；三是药材药品系列；四是林产品加工系列；五是修路绿化系列；六是观光、休闲、旅游绿化系列；七是其他特色开发系列，如生物质发电等。

鄂尔多斯市推进草原生态文明建设工作可总结为以下五点。

一是制度创新是核心。我国草原问题的根源是草原产权制度设计不完善对草原生态环境的破坏及牧业生产力发展的限制。实现草原可持续利用的核心问题就在于制度创新。①依靠制度创新转变畜牧业生产方式。②依靠制度创新减轻草原压力。通过种养结合、牧区人口转移与"禁牧、休牧、划区轮牧和以草定畜"等制度设计有效地缓解草场压力，为恢复草原生产力创造条件。③依靠制度创新改善民生。建立生态补偿机制，加大禁牧、休牧、划区轮牧补贴力度，保证牧民减牧不减收；建立合作经营机制，挖掘牧民增收潜力；加大社保力度，推进牧民政策性增收；建立牧、农、工三产联动发展链条，拓宽牧民增收渠道。最终形成生态、民生、经济、科教、社保多系统的良性循环。

二是开放畜牧业系统是基础。在推进草原生态文明建设的实践中，需要大量的资金投入。在涉及民生、生态等具有公共属性的物品投入上，如牧区公共基础设施、社保、教育、生态建设、补偿和监管等方面，要以政府投入为主，网络建设、大型农机服务队组建、畜种改良、饲草料基地建设等方面也需要政府的资金支持。要解决这一现实问题，就不能只将目光局限在牧区和草原，而应该充分考虑将牧区和农区、工业区，牧业和农业、工业、第三产业相结合，实现共生发展。依据我国当前发展阶段，在具备条件的地区引导工业反哺牧业，实现政府与牧民资金的有机结合，促进草原持续发展。

三是资源整合是前提。质量效益型草原畜牧业的关键环节是生态家庭牧场示范户建设，这既符合党在牧区的基本政策和制度，又适应当前牧区生产力发展水平。资源整合有如下益处：①利于规模经营，提高畜牧业效率；②利于降低交易费用，促进牧民合作制经营，提高牧民收入；③符合畜牧业规律，便于政府生态监管，实现草原永续发展。

四是科教发展是保障。靠天养畜的生产方式、自繁自衍的饲养技术以及以资源换数量的发展模式是粗放型畜牧业的主要表现形式，内在原因则是现代畜牧业发展观念和技术的缺失。要想提高牲畜质量，建设畜牧业与生态和谐共生的质量效益型现代畜牧业，需要科教发展作为保障。既通过教育和科技投入实现牲畜良种化、饲养科学化，解决草畜矛盾，同时通过先进的技术治理草原沙化、退化，进行生态建设与监管，实现草原生态文明。

五是结构调整是途径。随着规模养殖水平的提高，对饲草的需求持续旺盛。农牧结合、草田轮作，既可以充分发挥各类土地的生产潜能，减少化肥使用，又可以有效增加草食动物的畜产品供给，实现"藏肉于草""藏粮于草"，已成为我国生产结构调整的重要内容和保障国家粮食安全的重要途径。要深刻理解和抓紧落实中央一号文件提出的"支持饲草料种植，促进粮食、经济作物、饲草料三元种植结构协调发展"的要求，把种草摆在"转方式、调结构"更加突出的位置，树立种草就是种粮（饲料粮）、种草就是种肉种奶的理念。

第五节　河北省张家口市加强草原生态保护，构筑生态安全屏障

张家口市是河北省草原资源大市，全市现有草原面积106.67万公顷，占全市土地面积的28.84%，占河北省草原面积的30.3%，其中天然草原10万公顷，人工草地5.47万公顷，草原类型以草甸草原为主，兼有山地草甸、暖性灌草

丛、低湿草甸。近年来，张家口市在实施京津风沙源治理工程草原治理项目、落实草原生态奖补政策的基础上，启动实施了退化草原生态修复等草原保护和建设项目，草原"三化"得到了有效治理，林草植被覆盖率快速增加，在防风固沙、保持水土、涵养水源、调节气候、维护生物多样性等方面发挥了不可替代的生态作用。特别是 2019 年以来，张家口市牢牢把握京津冀协同发展，围绕草原生态建设、保护、利用三大职能，以"首都两区"规划建设为统领，切实加强草原生态修复治理和坝上地区退耕种草，努力构建草原生态和绿色产业体系，草原工作走上一条生态兴市、生态强市的发展道路。

一、强化组织领导，加大政策扶持

为加快全市草原生态建设步伐，张家口市、县（区）草原主管部门均成立了以主要领导任组长的草原生态建设工作领导小组，编制了《张家口坝上草原牧区恢复规划（2019—2025）》，制定了《张家口坝上地区草原生态修复方案》和《张家口市坝上地区退耕种草实施方案》，实行了行政技术双轨承包责任制、划区分块责任制等一系列工作机制。张家口市紧盯首都水源涵养功能区和生态环境支撑区建设，大力实施冬奥绿化、坝上地区退化林分改造试点、京津风沙源治理等重点生态工程，2020 年张家口全市草原面积 106.36 万平方千米，其中天然草原面积 100.90 万平方千米，人工草地面积 5.45 万平方千米，草原"三化"面积 48.06 万平方千米。张家口坝上地区 2017 年以来累计完成休耕种草 12.09 万公顷，加快重现"风吹草低见牛羊"的景象。张家口市农宅空置率 50% 以上的 924 个"空心村"已全部完成治理任务，空置率 30%～50% 的 169 个"空心村"治理已完成 96%，空置率 30% 以下村庄的整治提升也在扎实有序推进。截至 2019 年，张家口市已完成流转耕地面积 12.09 万公顷，采取种植饲料饲草作物、中草药和人工干预自然修复等三项措施休耕种草。其中，种植条件好的 11.25 万公顷耕地，通过种植燕麦、苜蓿、一年或多年生牧草、饲草混播等方式种植饲料饲草作物 9.38 万公顷；种植水飞蓟、黄芪、防风、黄芩、柴胡等中草药 1.87 万公顷；种植条件相对差的 8446.67 公顷耕地，采取补播牧草、断根萌蘖、施肥等人工干预方式，促进自然修复，逐步恢复草原生态功能。

2021 年上半年，张家口市地区生产总值达到 753.7 亿元，同比增长 10.5%，主要经济指标实现较快增长，交出冬奥会筹办和本地发展两份优异答卷。

2012 年，张家口市坝上四县二区被列入国家草原生态保护补助奖励机制范围。全市严格落实对农牧民实行草原禁牧补助、牧业生产补贴等政策措施。一是禁牧补助，全市禁牧草原 32.73 万公顷，每年禁牧补助资金 2945.8 万元。二是生产资料综合补贴，全市享受生产资料综合补贴的农牧户共计 20.5 万户，生产资料综合补贴资金合计 41 006.2 万元。三是牧草良种补贴，2012—2015 年度，全市牧草良种补贴项目任务共 1.91 万公顷、资金 1430 万元。从 2016 年开始，草原生态保护补助奖励政策扩大实施范围，新增加了赤城县、怀来县、涿鹿县，实施了"草原生态保护示范区"建设项目，总投资 11 399 万元。

同时，张家口市坚持规划先行，注重试点示范，因地制宜、分类指导，与河北农业大学、河北北方学院等高等院校合作，编制张家口草原生态建设相关规划，注重规划的系统性、基础性、全局性和前瞻性，并与"首都两区"等系统规划相衔接，实现了规划、建设、发展的有机统一。率先在张北县、尚义县开展了退化草原修复试点治理，积极推广运用"退化沙化和盐碱化草地植被恢复"技术、"切根施肥补播复式作业工艺"技术、"振动松根"技术、"植生粒"等先进技术。

二、强化工程引领，创新工作机制

2000 年以来，张家口市通过全力实施以京津风沙源治理工程为主的各项草原生态项目建设，坚持长远利益与近期利益相结合，不断提升草原生态功能。综合实施草原生态治理、禁牧轮牧休牧等措施，大力开展退化、沙化、盐碱化草场治理，打造草原生态示范区，全市草原生态治理取得了显著成效。通过多年实施退化草原生态修复治理等生态保护工程，2021 年，张家口市草原生态环境呈好转趋势，表现出"总体遏制退化、局部好转"的态势，植被覆盖度明显提高，生物多样性增加。工程区内植被盖度平均达到 72.1%，牧草平均高度 30 厘米以上，鲜草产量每公顷 6000 千克，草地植被盖度比工程治理前提高 18.6%。随着项目区生态环境不断改善，全市草原植被有效恢复，草地退化状况得到初步遏制，草地生产力明显提升，草原生态保护自 2013 年启动实施京津风沙源二期工程以来，全市共完成草原治理面积 2.72 万公顷，其中围栏封育 1.3 万公顷，人工饲草基地 1.28 万公顷，飞播牧草 666.67 公顷，草种基地 733.33 公顷；完成禁牧圈养棚圈建设 132 万平方米，贮草棚建设 38.5 万平方米，青贮窖建设 42.2 万立方米；购置饲料加工机械 7310 台。通过治理，有效遏制了草原退化，减少了风沙危害和沙尘暴天气，切实改善了区域生态环境。

创新工作机制在全市草原生态保护和建设中发挥着重要作用。一是建立草原承包经营责任制。实行草地分户承包经营责任制，对项目区的各类草地实行长期、分户、有偿承包使用，与农户签订长期承包合同，明确草地所有权、使用权、经营权，调动了农牧民参与草原生态建设的积极性。二是探索草畜平衡机制。在康保县屯垦镇范家营村探索出"村级试点、整乡推进、多乡联动、县域发展"的草畜平衡新路径，通过以草定畜、划区轮牧、舍饲养殖、牧草种植等一系列措施，为实现草原生态系统良性循环、半牧区草原畜牧业持续健康发展进行了有益探索，有效缓解了"草畜矛盾"。三是强化草原管护机制。2017年，张家口市颁布实施了《张家口市禁牧条例》，这是河北省第一部以保护草原生态为主要内容的地方性法规。该条例采取疏堵结合的方法，合理规划禁牧区域和时间，科学禁牧。制定生态管护实施方案、封山禁牧实施细则，对禁牧工作实行"一票否决"等，完善了禁牧机制。通过实行最严格的草原生态环境保护制度，建立禁牧工作长效机制，进一步明确各级各部门和基层组织的权责，为保护草原生态建设成果提供了法治保障。

三、加强草原保护，保障草原生态安全

多年来，张家口市严格落实草原防火地方行政首长负责制和部门、单位领导负责制，把责任落实作为防火工作的重要抓手。市级草原主管部门与各个重点草原防火县（区）签订草原防火责任状，把各县（区）的草原防火工作完成情况列入了年终考核目标。重点草原区普遍按照纵向到底、横向到边的原则，层层签订责任状，把任务和责任落到了实处。张家口市连续13年没有发生等级以上草原火灾，较好地保护了草原资源和农牧民的生命财产安全。草原鼠虫害是威胁草原生态安全的重要因素。近年来，张家口市在草原鼠虫害防治工作上由过去的单一追求防治效果转变为防效与环保并重，树立了可持续防治理念，进一步强化了草原鼠虫害监测预警体系建设。建立了应急预案制度，增强了应对突发生物灾害事件的能力，推广了先进的防治技术，做到了合理利用化学、生物、生态、物理等综合防治方法，逐步实现了人与自然和谐相处。

此外，张家口市不断强化草原生态建设科技支撑，建立健全了牧草种子生产供应体系和良繁体系，加强草原视频监控建设，在坝上地区建设了草原视频监控系统。实施了优质饲草基地创建行动计划，重点推广了阿尔冈金、驯鹿、敖汉等优质首蓿品种种植，推广了巡青系列、中原丹32、农大108等青玉米品种种植，取得了良好的生态效益和经济效益。

第六节 甘肃省甘南藏族自治州保护建设甘南草原

甘南藏族自治州地处青藏高原东北缘向黄土高原过渡地带，是长江、黄河流域生态安全的重要天然屏障。这里拥有广袤的天然草原、美丽的"亚洲第一天然优质牧场"和举世闻名的"天下黄河第一弯"。甘南草原位于甘肃省西南部，南边与四川省相邻，西边与青海省相邻，地处青藏高原东北部的边缘，东南方向与黄土高原相接，甘南草原海拔多在 3000 米以上，年平均气温较低，夏季平均气温在 8 ~ 14 ℃，甘南草原占地面积约 250.53 万公顷，主要分布在玛曲、夏河、碌曲三个县，是甘南的生存之本，也是甘南的发展之根、潜力之地。保护和建设好甘南草原，对维护国家生态安全、实现绿色可持续发展具有重大的现实意义和深远的历史意义。

一、强化生态文明建设顶层设计

甘南州委、州政府高位谋划，确定了以生态文明建设引领绿色崛起的科学思路。2007 年 12 月，国家发改委批复《甘南黄河重要水源补给生态功能区生态保护与建设规划》。2009 年 8 月，州委、州政府与中国生态学会在迭部县举办了第一届中国生态文明腊子口论坛，向世界发布了《绿色长征宣言》，连续举办了九届高规格的论坛，为全州建设生态文明提供了强有力的智力支撑、实践指导和舆论氛围。2011 年 11 月，州第十一次党代会制定了保护、发展、稳定并重的经济社会发展原则，将"生态立州"和"生态甘南"提到了五大战略、五大目标之首。2013 年 1 月，出台了《甘南州深入实施"生态立州"战略，努力建设"生态甘南"的实施意见》，提出"举生态牌、谋生态策、走生态路、吃生态饭"的思路，用生态文明战略思维和手段来谋划、解决全州突出环境问题。2013 年 2 月，州委十一届三次全委扩大会议把生态畜牧业、特色畜产品加工业、旅游文化产业确定为发展目标，印发发展方案，修订完善了发展规划和可行性研究报告，强调在保护生态的同时实行赶超发展。2015 年 5 月，州委书记俞成辉在全州城乡环境卫生综合整治动员部署大会上强调，保住甘南的青山绿水就是保住了科学发展、转型跨越的本钱。2016 年 3 月，甘南州生态文明小康村建设工作会议召开，会议总结了 2015 年生态文明示范村创建成果，安排部署了生态文明小康村建设任务。2016 年 11 月，州第十二次党代会全面描绘

了构建"十大环境"的宏伟蓝图，确定了着力打造"绚丽多彩的自然生态、和
谐稳定的社会生态、朝气蓬勃的经济生态、光辉灿烂的人文生态、团结奋进的
政治生态"五大生态的主攻方向，指明了全州改革发展稳定的整体架构和着力
重点，并委托中国科学院地理研究所编制了《甘南州生态文明建设总体规划》。
2017年初，州委、州政府印发了《抢占绿色崛起制高点，打造环境革命升级
版，纵深推进城乡环境综合整治的意见》《甘南州"十三五"生态保护与建设
规划》《关于贯彻落实〈甘肃省生态环境保护工作责任规定（试行）〉的实施意
见》。2018年8月，召开甘南州生态环境保护大会，印发了《甘南州污染防治
攻坚实施方案》《甘南州贯彻落实省级环境保护督察反馈意见整改方案》等文
件。2012年以来，历届州人代会报告均强调要走绿色发展之路，围绕创建"青
藏高原绿色现代化先行示范区、国家生态文明先行示范区、国家全域旅游示范
区、全国城乡环境综合整治示范区"总体目标精心部署，着力培育绿色产业，
发展生态经济，建设生态文明。

二、加强生态保护，利国利民

1998年长江特大洪灾后，甘南林区果断停止天然林采伐，全州开始探索经
济社会发展的新路子。天然林资源保护、生态公益林建设、退耕还林退牧还草、
森林草原防火、有害生物防治、自然保护区建设等一大批生态保护工程陆续得
以实施，取得了明显成效，尤以黄河保护项目成效最为显著。省、州对甘南高
原环境恶化问题高度重视，多次组织社会各界和专家学者座谈讨论、寻求对策，
引起国家关注。进入21世纪以来，国家"十一五"规划纲要将甘南黄河重要水
源补给生态功能区列入国家限制开发类主体功能区，甘肃省将其列入十大百亿
工程。2007年12月，国家发改委批复《甘南黄河重要水源补给生态功能区生态
保护与建设规划》（以下简称《规划》），并同时启动。《规划》总投资44.5亿元，
主要实施生态保护与修复、农牧民生产生活基础设施、生态保护支撑体系建设
三大工程23个子项目。该《规划》的实施，取得了巨大的生态效益、经济效益
和社会效益。特别是游牧民定居工程的全面完成，改变了甘南藏区千百年来逐
水草而居的游牧历史，具有重大的现实意义和深远的历史影响，不仅促进了甘
南区域经济发展，而且有利于维护民族团结进步、保障社会长治久安。甘南州
以水源涵养、草原治理、河湖和湿地保护为重点，全面保护草原、森林、湿地
和生物多样性，构建国家青藏高原生态安全屏障功能特区。实施甘南州国家主
体功能区试点、"两江一水"区域综合治理规划，推进甘南州国家生态文明先行

示范区、国家生态文明示范工程试点、水生态文明县试点建设。持续推进黄河重要水源补给生态功能区保护与建设，促进水源涵养区生态保护与修复。加强天然林保护，扩大退耕还林还草工程范围。全面落实新一轮草原生态保护补奖政策，大力推行草原禁牧休牧轮牧。持续加大大气、水体、土壤污染防治力度，全力改善环境质量。据甘南藏族自治州人民政府网信息显示，2021 年以来，玛曲县先后实施了中央财政规模化防沙治沙试点项目、藏区专项沙化退化草原综合治理项目、国家重点生态功能区转移支付沙化退化草原综合治理项目等，灌草结合治理沙丘 270 公顷，综合治理沙化草地 5500 公顷，完成投资 7900 余万元。在近期下达的甘南山水林田湖草沙一体化保护和修复工程中，安排玛曲县治理沙化土地 99.33 公顷，治理沙化草地 3268.87 公顷，投资达 4045 万元。在多部门、多渠道努力争取下，玛曲县已累计治理黑土滩型退化草原 9.62 万公顷，其中 2021 年治理黑土滩 9400 公顷。2020 年，玛曲县鼠害防治任务 5.33 万公顷、虫害防治任务 6666.67 公顷，投资 180 万元；2021 年，玛曲县鼠害防治任务 4.67 万公顷、虫害防治任务 6666.67 公顷，投资 190 万元。同时，玛曲县实施退牧还草工程黑土滩治理、沙化草原综合治理、退化草原生态修复等项目时，都相应配套开展鼠害防治工作。据草原动态监测数据显示，玛曲县草原鼠害面积已由 2017 年第二次鼠害调查时的 18.68 万公顷减少到目前的 15.07 万公顷，下降了 19.4%；草原虫害面积已由 2.07 万公顷减少到 1.47 万公顷，下降了 29%。

经过多年的探索和试验，玛曲县总结出了流动沙丘（机械沙障固沙＋植灌＋人工种草＋封育）、中度沙化草原（封育＋人工补播补植）、轻度沙化草原（禁牧封育模式）、潜在沙化草原（轮封轮牧）等治理模式，实现了对退化沙化草原的有效治理。此外，州委、州政府高度重视草原生态保护工作，依法开展草原监管，通过全面落实草原生态补奖政策，认真实施退牧还草、已垦草原综合治理、退化草原生态修复等工程，全力核减超载牲畜，草原生态持续好转。通过诸多草原生态保护与建设重点项目和政策措施的落实，甘南草原生态环境恶化的趋势得到了一定遏制，全州天然草原综合植被盖度较"十二五"前提高了 4.95 个百分点，黄河上游天然草原水源涵养能力得到有效提升，草原生态和生产功能得到逐步恢复。

三、强化立法　严格监管

甘南州坚持以法制手段为生态文明建设保驾护航，州人大将生态环境保护列入立法、询问、调研、视察的重点内容，每年组织开展专题调研和专项检查。先后出台实施了《甘南州生态环境保护条例》《甘南州城乡环境卫生综合治理条例》《甘南州洮河流域生态保护条例》《甘南州草畜平衡管理办法》《甘南州退牧还草工程实施办法》《甘南州党政领导干部生态环境损害赔偿责任终身追究办法》等地方性法规和部门管理办法10余部。2019年，州人大常委会将《甘南州大气污染防治条例》纳入立法计划，6月27日审议通过了该《条例（草案）》。这些相关法规与制度的不断完善，有效促进了全州生态文明建设。近年来甘南州依法开展了以大气、水、土壤污染防治为内容的保卫战，即蓝天保卫战、碧水保卫战和净土保卫战。通过严密部署、完善体系、部门联动、严格执法、环保督察、技术检测、强化整改、依法追责等综合措施，环境保卫战取得了决定性胜利，保障了天蓝、水碧、地绿的美丽甘南目标的基本实现。甘南全面推进"河长制"，打造沿河沿湖生态长廊，对全州244条河流和常年集水的湖泊进行调查，开展全域无垃圾环境综合整治，实施最严格的水资源管理制度考核。加强"一江三河"重点流域良好水体保护，实施好大夏河、洮河流域生态环境保护项目，积极争取白龙江流域生态环境保护项目顺利进入国家中央水污染防治项目库。环保监管措施到位，促进境内水电企业执行环保规定。例如，石门坪水电站保持成水河道20%的生态流量长年不断，在进水前池安装了3台自动清污机，出水口安置了3台生活污水处理设备，当地环境保护走在全州前列。

四、发展绿色生产，构建绿色指标

推动形成绿色生产方式，就是努力构建科技含量高、资源消耗低、环境污染少的产业结构，加快发展绿色产业，形成经济社会发展新的增长点。甘南州牢固树立"绿水青山就是金山银山"的理念，延续发展各族群众"崇尚自然、向往绿色、敬畏生态"的真挚情怀，激活放大甘南人朴素的"生态基因"和"生态自觉"，着力保护生态环境，大力发展生态经济，加快建设生态文明，真正把属于大自然的青山绿水还给大自然、把属于老百姓的生态红利交给老百姓、把属于下一代的宝贵财富留给下一代。加快培育生态文化旅游、生态农牧、商贸物流、生物制药、绿色能源、碳汇产业六大绿色产业为主的低碳循环产业体系，构建绿色生态经济示范区，全力打造区域绿色经济增长极。淘汰落后产能，降低单位能耗，加快矿产尾矿、工业废渣、建筑和生活垃圾的再生利用。推进种植业、畜牧业和工农业复合循环利用，壮大特色农畜产品加工、清洁能源、藏中医药、民族特需用品、山野珍品加工等生态产业，让绿色经济成为国民经济发展的先导，让广大群众从绿色发展中真正受益。以创建国家全域旅游示范区为目标，抢抓"丝绸之路经济带"甘肃黄金段建设机遇，深度融入华夏文明传承创新区、国家藏羌彝文化产业走廊建设和"黄河上游大草原""大香格里拉"旅游经济圈，全力打响宗教文化、民俗风情、高原生态、红色旅游四大主题旅游品牌，加快发展文化旅游首位产业、朝阳产业、绿色产业。随着经济社会发展和人民生活水平的提高，人们对生态环境的要求越来越高，生态环境质量在幸福指数中的地位不断凸显。

甘南州牢固树立"以人民为中心的发展理念"，启动甘南州青藏高原绿色现代化先行示范区规划，建立生态保护基金，争取国家生态补偿政策全面落实，加快河流、湿地、森林、草地等生态资源向绿色资本转化。建立以绿色经济发展、绿色社会安全、绿色生态环境和人的全面发展为主要内容的指标体系，建立以资源消耗、环境损害、生态效益等为主要内容的考核体系，建立以领导干部自然资源资产离任审计和负债评估为主要内容的责任追究体系，以生态环境监测、大数据分析共享、监测监管联动为主要内容的监测体系，以完善组织领导、人才智力支持、资金落实渠道为主要内容的综合保障体系。坚持把工作的着力重点放到农牧村，倾力办好各项民生实事，使各族群众的幸福指数不断提升。

在长期的畜牧实践中，甘南州培育出了甘南牦牛、河曲宝马、玛曲欧拉羊、夏河甘加羊、合作蕨麻猪等品种。生态环境质量持续提升，生态畜牧业蓬勃发展，以牦牛、藏羊为主的高原特色生态畜牧业已成为全州经济发展的首位产业，也是全州农牧业和农牧村经济中发展速度快、对农牧民增收贡献大的支柱产业。州委、州政府在认真总结分析"农牧互补、一特四化"等产业发展思路的基础上，提出并实施了符合实际的"168"现代农牧业发展行动计划，经过近几年的发展，生态畜牧业持续增产，农牧民收入快速增长，农牧民转移性收入提升明显。另外，落实了牦牛藏羊政策性保险、草原生态保护补奖等一系列强农惠农政策，农牧民转移性收入大幅增加。大力发展中藏药材种植、集中规模养殖、经济林栽培、特色农畜产品销售、林下山野珍品加工、中华土蜂养殖、青稞酒酿造、文化产业、乡村旅游、劳务输转等生态型产业，生态经济增长点不断涌现。

第七节　新疆巴音郭楞蒙古自治州持续推进草原生态文明建设

巴音郭楞蒙古自治州简称"巴州"，位于新疆维吾尔自治区东南部，是中国陆地面积最大的地级行政区，全州天然草地毛面积 0.11 亿公顷，可利用草地面积 0.082 亿公顷，分别占新疆维吾尔自治区天然草地毛面积和可利用面积的 19.2% 和 17.2%，居全疆各地州之首。草原是巴州最主要的自然生态系统类型之一，草原生态文明建设是全州整个生态建设的重要组成部分。近年来，巴州以草原生态文明建设为目标，认真贯彻落实中央、自治区有关草原生态文明建设的一系列方针政策，积极推进草原生态文明建设，提出了"人畜下山来、绿色留高原"的草原生态综合治理方案，草原部门也加快实施草原生态保护补助奖励机制，开展了退牧还草、牧民定居、巴音布鲁克草原生态治理、草原生物灾害防治及饲草料基地建设等一系列草原生态治理工作，以加强草原生态保护的力度，努力实现草地生态文明，促进社会的全面进步。

一、依托国家、自治区项目，加大草原生态建设

草原生态环境建设既是一项关乎可持续发展的工作，又是一项投资大、涉及面广、时效长的工作，仅靠地方财政很难全面、长期维济。因此，巴州积极依托国家、自治区项目实施的草原生态保护补助奖励机制、退牧还草、牧民定居等项目，加快实施草原生态建设。自 2004 年起，巴州先后在和静、和硕、且末三县实施了退牧还草工程，累计投入资金 21 956 万元，完成围栏面积 87.3 万公顷（禁牧 31.3 万公顷、休牧 46.3 万公顷、轮牧及补播 9.7 万公顷），通过对工程实施前后样地监测数据的对比，发现退牧还草工程实施后的草层高度、盖度和植物种类较退牧还草工程实施前有显著的提高和增加，草原沙化、荒漠化等退化现象得到有效遏制，草原生态功效也得到明显的修复和提升。此外，对局部区域的超载过牧，实施了禁牧、限牧、退牧、轮牧等措施，使包括巴音布鲁克小尤鲁都斯草原在内的一些超载过牧草地区域实现了草畜动态平衡。

二、统筹生态建设与提高农牧民生活水平

巴州紧紧围绕提高农牧民生活水平这一主线，大力实施牧民定居、生态搬迁和富余劳动力转移等工程，按照"坚持把草原生态建设与新农村实验区建设

和生态移民搬迁结合起来、坚持把牧民定居与生态恢复和保护建设结合起来、坚持把牧民定居与农村富余劳动力转移结合起来、坚持把牧民定居与实施民生工程结合起来"的四结合原则，全面推进草原生态保护工作。从 2011 年起，完成牧民定居 2900 户，配套每户建设棚圈 200 平方米，人工饲草料地 2.7 公顷，大多数定居牧民形成了种草养畜的习惯，过去牧区牲畜越冬困难的状况已得到根本改变，完全靠天养畜的传统畜牧业生产方式正逐渐转变为舍饲圈养的新生产方式，一些草原生态脆弱区的放牧压力也得到了极大的缓解。

三、建立法律手段和行政手段相结合的草原生态治理机制

巴州颁布实施了自治州首部草原方面的地方性条例《开都河源头暨巴音布鲁克草原生态保护条例》，组建了巴州草原监理站小尤鲁都斯地区分站，召开限牧工作会议，实施了小尤鲁都斯草原限牧。目前，共退牧 80.1 万绵羊单位，使小尤鲁都斯草原退化的势头得到明显遏制，实现了小尤鲁都斯草原草畜动态平衡，进一步加大了巴音布鲁克及全州草原生态的保护力度。

四、强化草原生态常态监测和应急治理

巴州常态化开展草地资源动态监测、草原生物灾害调查监测、草原火灾的预防和扑救等相关工作。根据对巴音布鲁克草原马先蒿常态监测结果，发现其蔓延势头迅速扩大，巴州自 2007 年以来，对巴音布鲁克害草马先蒿进行了应急防除治理 2.7 万公顷，有效地遏制了马先蒿在巴音布鲁克草原的蔓延；根据对巴音布鲁克草原蝗虫的常态监测结果，巴州又于 2009 年、2010 年连续两年使用纯生物制剂进行飞机治蝗，共防治巴音布鲁克草原蝗虫 83.1 万公顷，有效避免了巴音布鲁克草原大面积蝗灾的发生。

五、加大草原行政执法力度

巴州开展草原法律、法规的宣传教育，严厉打击非法开垦草原、滥采乱挖草原野生药用植物、破坏草原生态的违法行为，近年来共查处各类草原违法案件百余起。

六、转变传统畜牧业生产方式

巴州大力推广舍饲圈养，加大饲草料基地建设力度，大力推进秸秆和农副产品资源的开发利用，以及棉菜籽饼渣皮等粮油糖酱加工副产品、林果加工副

产品等可利用饲料资源的综合开发。利用置换天然草地，州域内的棉菜籽饼、甜菜渣、番茄皮等加工副产品饲喂牲畜，秸秆等农副产品转化为饲草的比例逐年提高，有效地缓解了天然草地压力，改善了天然草原生态环境。巴音布鲁克草原作为巴州重要的生态涵养区，通过加强生态保护和生态综合治理，不仅实现了重要草原生态涵养区的保护，还成功实现了巴音布鲁克由传统畜牧业向旅游业为主、畜牧业为辅的产业升级转变，荣获"中国十大魅力湿地"，实现了经济发展与生态文明建设的有机统一。

第八节　西藏那曲市筑牢草原生态安全屏障

那曲市草地面积 4200 万公顷，占全区草地面积（8933.33 万公顷）的 47%，占全国草地面积（约 4 亿公顷）的 10.5%。那曲草原是地区土地资源和陆地生态系统的主体，是国家重要生态安全屏障的重要组成部分，也是广大农牧民群众赖以生存和发展的基础。保护好天然草原对于促进地方经济社会全面、协调、可持续发展具有不可替代的作用。近年来，在各级各部门的不懈努力下，那曲市草原生态文明建设取得了较大突破。

一、强化顶层设计

那曲地委、行署谋划制定全地区"1245"总体思路，鲜明提出"筑牢生态安全屏障建设的基石""加强生态环境保护和建设，推进生态文明，建设美丽那曲"，进一步明确了生态环境保护在全局工作中的定位。那曲市高度重视生态环境保护工作，切实加强组织领导，成立了环境保护督察领导小组，研究制定了《关于建设美丽那曲的意见》《关于环境保护"党政同责、一岗双责"的实施意见（试行）》《关于生态文明区建设的意见》等一系列文件，全面加强环境保护工作。那曲结合生态环境实际，提出了建立羌塘高原国家生态文明区的构想，成立了那曲市重大事项咨询委员会，编制完成了《羌塘高原国家生态文明区建设总体规划》，积极开展羌塘国家级自然保护区体制机制改革试点工作。

二、加强草原生态保护与建设

那曲加大草原建设治理力度，累计围栏草地 195 万公顷，草原"三害"治理面积 104.27 万公顷，草地补播面积 58.43 万公顷。大力实施人工种草，实施

"十百千万"人工种草工程，全面推行家庭式人工种草，集中开发人工种草基地，全地区人工种草面积达 5000 公顷。"十三五"时期，西藏共到位林草生态保护与建设资金 202.3 亿元，草原综合植被盖度由 42.3% 提高到 47.14%。

三、加强自然保护区和生态功能区建设

那曲投入 2 亿余元，大力实施自然保护区监测站、保护管理站、检查站等基础设施建设项目，建成自然保护区 17 个、国家重要湿地 1 个、国家湿地公园 2 个，保护区总面积达 23.6 万平方公里，占全地区国土面积的 56.2%，高于全区 10.5 个百分点。加强羌塘自然保护区管理，组建羌塘保护区那曲管理局和安多、尼玛、双湖 3 县管理分局。加强生态功能区建设，建立了双湖、尼玛、班戈、安多、嘉黎 5 个国家级生态功能县和纳木错湖、拉萨河源头 2 个生态功能保护区，累计落实生态转移支付资金 4000 万余元，切实改善辖区自然生态和居民生活环境质量。加强野生动物保护，加大野生动物活动区域监测力度，在安多县、班戈县、那曲市 3 个监测区域设立 67 个监测点，严厉打击偷猎盗猎行为，野生动物种群数量呈逐年递增趋势。

四、扎实推进草补政策落实

截至 2018 年 10 月，那曲共实现减畜 180 余万绵羊单位，2017 年兑现补奖资金近 5.87 亿元。草补资金户均增收 5800 元，人均可增收 1267 元，草补资金占总收入的 15.7%。通过实施草原生态保护补助奖励机制，那曲生态环境得到了有效改善，禁牧区植被恢复明显，植被覆盖率达到 60% 以上，草原类型植被平均高度比上一年同期平均上升了 1.98 厘米，且植被呈现出多样化趋势，从而减轻了草地退化与沙化程度，特别是通过减畜减轻了草场的压力和草地的超负荷运转。2004—2018 年，国家累计为那曲安排了项目总投资达 1.89 亿元的 16 批次天然退牧还草工程，先后实施了禁牧围栏 84.53 万公顷、休牧围栏 192.13 万公顷、草地补播 63.77 万公顷、毒草害退化草地治理 0.26 万公顷，有效保护了天然草地。

五、稳步实施草原退牧还草工程

党中央、国务院从 2004 年开始在那曲市实施天然草原退牧还草工程，2004—2015 年，国家累计安排那曲市实施天然草原退牧还草工程 217.2 万公顷。自实施退牧还草工程项目后，项目区草原生态得到了改善，草地退化、沙化以及草地鼠虫害得到有效控制，促进了草地植被恢复，有效减轻了草地压力，从

而促使草地生态系统向良性方向转化。同时，促进了项目区群众思想观念和生产经营方式的转变，推进了牧业减损增效和群众稳定增收。

六、全面推行草场经营家庭承包制

为了改革传统的牧业生产经营体制，全面落实草场承包责任制，明确草场使用的责、权、利，激活人、草、畜三大要素，确保那曲草原畜牧业的可持续发展，那曲市在历年工作的基础上大力推动承包经营责任制工作。

制定了草地载畜量的标准、畜群结构标准、牲畜饲养年限标准、草地建设保护和使用强度标准等技术性规范标准。通过草场承包经营责任制的推行、科学化的管理和市场化的经营，转变了农牧民的思想观念，进一步增强了广大农牧民的牲畜出栏意识，确定了符合实际的载畜量，加大了对草场有效承载范围以外牲畜的出栏力度，变以往的一季出栏为现在的多季出栏，暖季出栏力度逐年加大。

七、实行最严格草原生态环境保护制度

2018年2月底，随着申扎、双湖、嘉黎、比如、聂荣5县18个乡镇40个行政村验收工作的完成，那曲市基本草原划定工作已基本完成。基本草原划定后，那曲市各区域的重要放牧场、割草场、草种基地、人工种草地、野生动植物生存环境的草原、科研基地、禁牧草原、湿地及重要生态功能区等类型草地全部列入禁止开发区域，实行最严格的草原生态环境保护制度和措施，全面加大草原生态系统和环境保护工作力度，定期公开发布生态保护状况信息。

参考文献

[1] 王毅.推进生态文明建设的顶层设计 [J].中国科学院院刊，2013（2）：150–156.

[2] 周宏春.生态文明建设的路线图与制度保障 [J].中国科学院院刊，2013（2）：7.

[3] 樊杰.主体功能区战略与优化国土空间开发格局 [J].中国科学院院刊，2013（2）：193–194.

[4] 方世南.深刻认识生态文明建设在"五位一体"总体布局中的重要地位 [J].学习论坛，2013（1）：26–29.

[5] 沈满洪.生态文明制度的构建和优化选择 [J].环境经济，2012（12）：47–48.

[6] 王金南，蒋洪强.葛察忠.迈向美丽中国的生态文明建设战略框架设计 [J].环境保护，2012（23）：33–36.

[7] 夏光.再论生态文明建设的制度创新 [J].环境保护，2012（23）：132–134.

[8] 肖金成，欧阳慧.优化国土空间开发格局研究 [J].经济学动态，2012（5）：79–80.

[9] 刘登娟，黄勤.环境经济政策系统性与我国生态文明制度构建——瑞典的经验及启示 [J].国外社会科学，2013（3）：12–18.

[10] 赵凌云，常静.中国生态恶化的空间原因与生态文明建设的空间对策 [J].江汉论坛，2012（5）：31–35.

[11] 滕飞，崔鸿英，马林.中国草原生态文明建设的战略框架研究 [J].大连民族大学学报，2017（6）：560–563.

[12] 于波，姚蒙.内蒙古 2016 年草原生态补奖效果分析及建议 [J].内蒙古科技与经济，2018（8）：3–4.

[13] 吴平.让草原生态治理实现增收增绿 [J].中国财政，2018（2）：78–79.

[14] 毛建国.落实草原生态奖补政策 促进畜牧生产方式转变——武定县草原生态奖补项目实施综述 [J].山西农经，2018（5）：321–325.

[15] 于茜，马军．跨区域草原生态文明共享问题研究 [J]. 绿色科技，2017（10）：102-105.

[16] 英丁文毛．草原生态经济发展问题探讨 [J]. 中国畜牧兽医文摘，2017（10）：45.

[17] 英丁文毛．青海草原生态恢复与可持续发展存在的问题及对策 [J]. 中国畜牧兽医文摘，2018（5）：43.

[18] 陈秉龙．浅谈加强草原生态文明建设的几点建议 [J]. 农民致富之友，2016（16）：16.

[19] 包扫都必力格．牧户对草原生态补奖机制满意度的分析 [J]. 内蒙古科技与经济，2015（6）：10-11.

[20] 王娟娟．草原生态文化资源开发与保护的协同分析 [J]. 北方民族大学学报（哲学社会科学版），2013（3）：36-38.

[21] 尹照涵．传承草原生态文化　建设草原生态文明 [J]. 赤峰学院学报（汉文哲学社会科学版），2018（5）：43-45.

[22] 李旭谦，张继军，文香．青海省草原生态文明建设保护中存在的问题与对策 [J]. 青海草业，2016（1）：43-46.

[23] 赵东海，王金辉．论草原生态文明系统的价值协同 [J]. 系统科学学报，2014（4）：57-59.

[24] 张晓宇．文化多样性视角下的草原生态意识教育相关研究进展 [J]. 内蒙古师范大学学报（哲学社会科学版），2016（5）：135-138.

[25] 王关区．草原生态文化的概念与特征 [J]. 实践（思想理论版），2013（4）：49-51.

[26] 莫泓铭，夏龄，吕玉．甘孜州草原生态面临的主要问题及对策 [J]. 现代农业科技，2016（21）：77-78.

[27] 白茹．建设美丽草原促进少数民族地区草原生态文明建设 [J]. 内蒙古科技与经济，2017（1）：122-124.

[28] 马林，张扬．中国草原生态文明建设的思路及对策探讨 [J]. 财经理论研究，2017（6）：64-71.

[29] 原丽红．草原生态文化与生态文明建设 [J]. 内蒙古师范大学学报（哲学社会科学版），2010（2）：83-87.

[30] 叶兴艺，吕文增．草原生态文明建设过程中的体制机制创新研究 [J]．大连民族大学学报，2017（6）：551-555.

[31] 农业部新闻办公室．创新草原保护制度　推进生态文明建设 [J]．草原保护，2017（35）：77-78.

[32] 马林．草原生态保护红线划定的基本思路与政策建议 [J]．草地学报，2014（1）：229-233.

[33] 侯向阳，尹燕亭，丁勇．中国草原适应性管理研究现状与展望 [J]．草业学报，2011（2）：262-269.

[34] 刘晓越．中国农业现代化进程研究与实证分析 [J]．统计研究，2004（2）：10-16.

[35] 林毅夫．中国的城市发展与农村现代化 [J]．北京大学学报（哲学社会科学版），2002（6）：12-15.

[36] 牛若峰．中国农业现代化走什么道路 [J]．中国农村经济，2001（5）：4-11.

[37] 王斌，曾昭伟．十八大以来习近平民族工作思想论略 [J]．湖南工业大学学报（社会科学版），2017（3）：80-84.

[38] 方精云，于贵瑞，任小波，等．中国陆地生态系统固碳效应——中国科学院战略性先导科技专项"应对气候变化的碳收支认证及相关问题"之生态系统固碳任务群研究进展 [J]．中国科学院院刊，2015（6）：848-857，875.

[39] 方精云．我国草原牧区呼唤新的草业发展模式 [J]．科学通报，2016（2）：137-138.

[40] 王军．民族文化传承的教育人类学研究 [J]．民族教育研究，2006（3）：9-14.

[41] 姜明，侯丽清．草原生态文化与内蒙古生态功能区建设 [J]．阴山学刊（社会科学版），2007（4）：31-34.

[42] 樊杰．主体功能区战略与优化国土空间开发格局 [J]．中国科学院院刊，2013（2）：193-206.

[43] 马林，张扬．我国草原牧区可持续发展模式及对策研究 [J]．中国草地学报，2013（3）：37-38.

[44] 刘加文．加快推进草原生态文明制度建设 [J]．中国畜牧兽医报，2014（5）：121-125.

[45] 农业部草原监理中心.加快构建草原生态文明制度体系 保障草原生态安全[N].农民日报,2014-12-30(3).

[46] 常多粉.中国草原生态文明制度的变迁路径及影响因素——基于25个草原治理政策法规的跨案例分析[J].北京航空航天大学学报,2018(11):27-29.

[47] 王正,王立平.简述内蒙古改革开放以来生态文明制度建设[J].内蒙古民族大学学报(社会科学版),2017(2):78-82.

[48] 刘加文.生态文明新政策及草原改革发展新任务[J].中国畜牧业,2017(15):62-65.

[49] 刘加文.着力构建完备规范运行有效的草原制度体系[J].草原与草业,2015(1):3-6.

[50] 徐晓航.我国生态文明制度建设的路径研究[J].黑龙江生态工程职业学院学报,2017,30(1):4.

[51] 孟玲.我国生态文明制度建设研究[D].沈阳:辽宁大学,2014(2):37-38.

[52] 苗祥文.党的十八大以来从严治党制度建设的成就经验和启示[J].南方论刊,2017(6):14-17.

[53] 崔思朋.制度层面审视:草原文化的生态向度[J].哈尔滨工业大学学报(社会科学版),2017(2):98-105.

[54] 额尔敦巴雅尔.制度视角下加强草原生态治理体系建设[J].锡林郭勒职业学院学报,2016(2):39-43.

[55] 刘晓星.用制度支撑和保障生态文明建设[J].中国环境报,2015(4):77-79.

[56] 孙凌宇.习近平生态文明制度思想的包容性探析[J].青海社会科学,2018(3):29-35.

[57] 李彩飞.习近平生态文明建设思想研究[D].北京:北京邮电大学,2018.

[58] 张小鹏.实施草原生态保护补助奖励机制之浅见[J].新疆畜牧业,2016(4):15-17.

[59] 杨光,腾跃,舒立福,等."一带一路"沿线区域森林草原防火概述[J].世界林业研究,2018(6):82-88.

[60] 柴勇.草原监测工作对生态文明建设的促进作用探究[J].草原草业,2018(9):84-85.

[61]　王亮，马林 . 草原保护红线监测预警体系构建 [J]. 大连民族大学学报，2017
　　　（6）：556–559.

[62]　成金华，王然，袁一仁 . 中国省域生态文明差异化评价指标体系研究 [J]. 环
　　　境经济研究，2016，1（2）：60–75.

[63]　李茜，胡昊，李名升，等 . 中国生态文明综合评价及环境、经济与社会协
　　　调发展研究 [J]. 资源科学，2015（7）：1444–1454.

[64]　张欢，成金华，冯银，等 . 特大型城市生态文明建设评价指标体系及应用——
　　　以武汉市为例 [J]. 生态学报，2015（2）：547–556.

[65]　杨红娟，夏莹，官波 . 少数民族地区生态文明建设评价指标体系构建——以
　　　云南省为例 [J]. 生态经济，2015（4）：171–175.

[66]　钱敏蕾，李响，徐艺扬，等 . 特大型城市生态文明建设评价指标体系构建——
　　　以上海市为例 [J]. 复旦学报（自然科学版），2015（4）：389–397.

[67]　田智宇，杨宏伟，戴彦德 . 我国生态文明建设评价指标研究 [J]. 中国能源，
　　　2013（11）：9–13.

[68]　刘伟杰，曹玉昆 . 生态文明建设评价指标体系研究 [J]. 林业经济问题，2013
　　　（4）：361–362.

[69]　齐心 . 生态文明建设评价指标体系研究 [J]. 生态经济，2013（12）：47–48.

[70]　张新时，唐海萍，董孝斌，等 . 中国草原的困境及其转型 [J]. 科学通报，
　　　2016（2）：315–318.

[71]　付梦娣，朱彦鹏，田瑜，等 . 三江源国家公园功能分区与目标管理 [J]. 生物
　　　多样性，2017（1）：71–79.

[72]　张家口市林业和草原局 . 张家口市加强草原生态建设　构筑"两区"生态屏
　　　障 [J]. 河北林业，2019（10）：16–17.

[73]　张家口市林业和草原局 . 张家口市：抢抓机遇　努力推动草原保护建设再上
　　　新台阶 [J]. 河北林业，2020（1）：24.

[74]　梅晓红，吴春焕 . 巴州草原保护建设利用取得的成就及存在的问题 [J]. 当代
　　　畜牧，2016（33）：39–43.

[75]　那松曹克图，何文革，赵洁，等 . 巴州草原生态建设的成效、存在的问题
　　　及几点思考 [J]. 草业与畜牧，2016（5）：53–55.

[76] 魏翔. 甘南草色绿无涯——甘南草原生态保护综述 [J]. 甘肃农业, 2020 (7): 47–48.

[77] 张贞明. 甘肃省牧区草原畜牧业转型发展情况调研报告 [J]. 甘肃农业, 2014 (8): 36–38.

[78] 谢祥生, 孟浩, 董邦国. 呼伦贝尔生态文明建设的现状及启示 [J]. 大连民族大学学报, 2020 (2): 116–122, 145.

[79] 王建军. 建设国家公园示范省 促进人与自然和谐共生 [J]. 智慧中国, 2020 (1): 14–19.

[80] 李旭谦, 史春喜. 青海省草原生态文明建设综述 [J]. 青海草业, 2015 (2): 35–37, 15.

[81] 罗虎在. 锡林郭勒盟生态文明体制改革情况调研报告 [J]. 实践 (思想理论版), 2019 (10): 32–35.

[82] 乌云. 内蒙古草原生态文明建设研究 [D]. 呼和浩特: 内蒙古农业大学, 2013.

[83] 万政钰. 我国草原立法存在的主要问题及对策研究 [D]. 长春: 东北师范大学, 2013.

[84] 杨启乐. 当代中国生态文明建设中政府生态环境治理研究 [D]. 上海: 华东师范大学, 2014.

[85] 于军. 当前我国生态文明制度建设研究 [D]. 哈尔滨: 哈尔滨工程大学, 2016.

[86] 王旭. 中国特色社会主义生态文明制度研究 [D]. 沈阳: 东北大学, 2015

[87] 彭一然. 中国生态文明建设评价指标体系构建与发展策略研究 [D]. 北京: 对外经济贸易大学, 2016.

[88] 王然. 中国省域生态文明评价指标体系构建与实证研究 [D]. 北京: 中国地质大学, 2016.

[89] 彭一然. 中国生态文明建设评价指标体系构建与发展策略研究 [D]. 北京: 对外经济贸易大学, 2016.

[90] 刁尚东. 我国特大城市生态文明评价指标体系研究 [D]. 北京: 中国地质大学, 2013.

[91] 兰国良. 可持续发展指标体系建构及其应用研究 [D]. 天津: 天津大学, 2004.

[92]　马林.中国草原保护红线工程论[M].北京：民族出版社，2020.

[93]　马林.民族地区可持续发展论[M].北京：民族出版社，2006.

[94]　马林，王亮，张杨，等.中国草原牧区可持续发展论[M].北京：民族出版社，2015.

[95]　吴季松.生态文明建设[M].北京：北京航空航天大学出版社，2016.

[96]　贾卫列，杨永岗.生态文明建设概论[M].北京：中央编译出版社，2013.

[97]　李娟.中国特色社会主义生态文明建设研究[M].北京：经济科学出版社，2013.

[98]　中办国办印发《关于设立统一规范的国家生态文明试验区的意见》及《国家生态文明试验区实施方案》[N].人民日报，2016-08-23（1）.

[99]　中办国办印发《关于设立统一规范的国家生态文明试验区的意见》及《国家生态文明试验区 (福建) 实施方案》[N].光明日报，2016-08-23（6）.

[100] 马有祥.创新草原保护制度　推进生态文明建设[N].农民日报，2017-10-19（8）.

[101] 吴大华.制度建设是生态文明建设的重中之重[N].人民日报，2016-10-14（7）.

后　记

《中国草原生态文明建设论》一书，是在笔者历时 23 年完成了国家哲学社会科学基金的六个课题（其中两个是重点项目）——"中国草原保护红线工程与牧区可持续发展研究""中国草原牧区可持续发展的模式与创新研究""东北老工业基地振兴与内蒙古经济发展的区域协作研究""内蒙古绿色产业体系构建与经济可持续发展研究""内蒙古生态屏障工程与经济可持续发展研究""内蒙古人口、资源、环境与经济可持续发展研究"，出版了六本课题专著——《中国草原保护红线工程论》（民族出版社 2020 年出版）、《中国草原牧区可持续发展论》（民族出版社 2015 年出版）、《东北经济区区域协作论》（东北财经大学出版社 2009 年出版）、《内蒙古绿色产业论》（内蒙古大学出版社 2004 年出版）、《内蒙古生态屏障工程论》（内蒙古人民出版社 2002 年出版）、《内蒙古可持续发展论》（内蒙古大学出版社 1999 年出版），以及同时承担和完成了原农业部草原监理中心委托的课题"草原在我国生态位文明中的地位和作用"和大连民族大学繁荣哲学社会科学重大培育项目"我国草原生态文明若干重大问题研究"后的基础上，组织笔者的研究团队和技术经济学领域的十多位研究生，汇集六个国家社科基金课题和两个省部级、校级课题的核心成果，共同编撰而成的第一部研究我国草原生态文明的专著，填补了我国草原生态文明建设的空白，也是笔者研究草原可持续发展的收官之作。

2013 年，习近平总书记在中共中央政治局第六次集体学习时强调，生态环境保护是功在当代、利在千秋的事业，要牢固树立生态红线观念，不能越雷池一步。习近平总书记在全国生态环境保护大会上再次强调，生态环境是关系党的使命宗旨的重大政治问题，也是关系民生的重大社会问题；生态兴则文明兴，生态衰则文明衰；要有效防范生态环境风险。生态环境安全是国家安全的重要组成部分，是经济社会持续健康发展的重要保障。

2015 年 4 月，中共中央、国务院《关于加快推进生态文明建设的意见》中进一步强调："生态文明建设是中国特色社会主义事业的重要内容，关系人民福祉，关乎民族未来，事关'两个一百年'奋斗目标和中华民族伟大复兴中国梦的实现。"2015年9月，中共中央、国务院印发《生态文明体制改革总体方案》，提出了生态文明体制改革的总体要求、健全自然资源资产产权制度、建立国土空间开发保护制度、建立空间规划体系、完善资源总量管理和全面节约制度、健全资源有偿使用和生态补偿制度、建立健全环境治理体系、健全环境治理和生态保护市场体系、完善生态文明绩效评价考核和责任追究制度、生态文明体制改革的实施保障十大问题。

党的十八大以来，以习近平同志为核心的党中央高度重视生态保护工作，将草原保护提升到了新的高度，提出要统筹兼顾、整体施策、多措并举，全方位、全地域、全过程开展生态文明建设，筑牢北方生态安全屏障。因此，亟需加大草原生态文明建设力度，这既是我国草原生态保护亟待解决的现实问题，也是事关国家生态文明建设的重大战略问题。

本书根据草原生态文明建设相关理论和国家生态文明建设总体改革方案，以生态优先和筑牢我国北方生态安全屏障为原则，以山水林田湖草沙生命共同体为核心，从草原实际出发，确立草原在我国生态文明建设中的战略定位，设计草原生态文明建设的总体思路和制度体系，构建草原生态文明建设的评价指标体系，研究国家级草原生态文明试验区建设的相关重要问题，并以案例的形式对我国草原生态文明建设进行了实证分析，提出草原生态文明建设的对策建议。

2020年7月31日，笔者在大连民族大学正式办理了退休手续；2020年8月10日，入职广东财经大学华商学院（现为"广州华商学院"），被聘为特聘教授，并担任华商学院经济社会研究院理事和乡村振兴中心主任，组建了区域经济社会绿色高质量发展和乡村振兴研究团队，又开始了新的教学科研征程，预期为华商学院的教学科研工作发挥自己的一点余热，作出应有贡献和成就。本书也是笔者为华商学院学科建设和科学研究奉献的第三本学术专著。

中国农业大学草学教授、中国草学会副理事长王堃为本书撰写了序言，在此深表谢意！

本书主笔由笔者和内蒙古鄂尔多斯市康巴什区园林绿化事业局贺慧同志担任。大连民族学院经济管理学院王亮教授，张扬、艾伟强博士，笔者的研究生谢添赐、姜亮亮、朱洋洋、龚泽文、严文娟、王雪、任志颖、董德贤、周子豪等都做了大量的工作，付出了巨大的心血，华商学院的莫子法、任欣鹭和刘艺三位老师在数据更新和最后审稿定稿过程中也做了大量工作，在此一并表示感谢。

本书由于成书仓促，疏漏、不妥之处在所难免，恳请各位专家和学者给予批评指正。

马　林

2022 年 6 月 28 日于广州华商学院

—